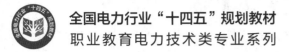
全国电力行业"十四五"规划教材
职业教育电力技术类专业系列

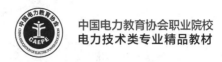
中国电力教育协会职业院校
电力技术类专业精品教材

用电营业
管理与实践

高丽玲　主　编
向婉芹　屈紫懿　编　写

U0261530

中国电力出版社
CHINA ELECTRIC POWER PRESS

内 容 提 要

本书按照"项目导向、任务驱动、理实一体、突出特色"的原则,以岗位分析为基础,以课程标准为依据,体现了高等职业教育教学规律。

本书主要包括十三个项目,分别是电力营业管理概况、电价、业务扩充、变更用电、电能计量管理、抄表、电费核算、电费收取及账务处理、电费的统计与分析、线损管理、用电检查、供电服务、综合能源服务。

本书可以作为供用电技术专业、电力营销专业学生的教材,也可作为电力企业相关人员的培训教材或参考资料。

图书在版编目(CIP)数据

用电营业管理与实践/高丽玲主编 . —北京:中国电力出版社,2023.4(2024.6重印)
ISBN 978 - 7 - 5198 - 7487 - 2

Ⅰ.①用… Ⅱ.①高… Ⅲ.①用电管理-高等职业教育-教材 Ⅳ.①TM92

中国国家版本馆 CIP 数据核字(2023)第 055145 号

出版发行:中国电力出版社
地   址:北京市东城区北京站西街 19 号(邮政编码 100005)
网   址:http://www.cepp.sgcc.com.cn
责任编辑:张 旻 李耀阳(010 - 63412536)
责任校对:黄 蓓 朱丽芳
装帧设计:郝晓燕
责任印制:吴 迪

印   刷:廊坊市文峰档案印务有限公司
版   次:2023 年 4 月第一版
印   次:2024 年 6 月北京第二次印刷
开   本:787 毫米×1092 毫米 16 开本
印   张:12.5
字   数:300 千字
定   价:39.00 元

前　　言

  2015 年 3 月，中共中央、国务院印发《关于进一步深化电力体制改革的若干意见》（中发〔2015〕9 号），标志着新一轮电力体制改革大幕开启。新一轮电力体制改革的重点和路径是：按照管住中间、放开两头的体制架构，有序放开输配以外的竞争性环节电价，有序向社会资本开放配售电业务，有序放开公益性和调节性以外的发用电计划，推进交易机构相对独立，规范运行。

  随着新一轮电力体制改革的深入推进，电力企业面临竞争与冲击已是不争的事实，电力营销在电力市场化改革进程中成为一个重要环节，在电力企业核心业务中的地位逐渐凸显。电力营销管理工作是电力企业与客户之间的桥梁和窗口，具有很强的社会性、服务性、政策性，力求最大限度地满足社会对电力的需求。

  本书按照"项目导向、任务驱动、理实一体、突出特色"的原则，以岗位分析为基础，以课程标准为依据，体现高等职业教育教学规律。本书主要包括十三个项目，分别是电力营业管理概况、电价、业务扩充、变更用电、电能计量管理、抄表、电费核算、电费收取及账务处理、电费的统计与分析、线损管理、用电检查、供电服务、综合能源服务，每个项目包含知识目标、能力目标、教学内容、实践能力训练等。本书提供相应的数字资源，包括附录、配套习题和实训指导书，扫描书中的二维码即可观看，同时配套智慧职教《电力营业管理与实践》在线开放课程资源，方便学生自学。因此，本书可以作为供用电技术专业、电力营销专业学生的教材，以及电力企业相关人员的培训教材或参考资料。

  本书项目 1～12 的理论部分由高丽玲老师编写，项目 13 的理论部分由屈紫懿老师编写；本书的实践部分由向婉芹老师编写；全书由高丽玲老师统稿。本书是重庆电力高等专科学校与国网重庆市电力公司市南供电分公司的校企合作项目成果，它们给予了大力支持和帮助，在此深表感谢！

  由于编写时间紧迫，书中一些理论和实践问题尚需不断完善，加之编者水平有限，书中不足之处在所难免，恳请读者和专家批评指正。

编者

2022 年 11 月

目　　录

前言

项目1　电力营业管理概况 ……………………………………………………… 1

模块一　我国电力体制的改革与发展 ……………………………………… 1

模块二　电能的生产过程及其特点 ………………………………………… 2

模块三　电力营业管理的特点和内容 ……………………………………… 6

项目2　电价 …………………………………………………………………… 10

模块一　电价的基本概念、电价分类 ……………………………………… 10

模块二　我国实行的电价制度 ……………………………………………… 14

项目3　业务扩充 ……………………………………………………………… 18

模块一　业务扩充的基本概念、工作内容、工作流程 …………………… 18

模块二　业务受理 …………………………………………………………… 27

模块三　现场勘查、确定供电方案 ………………………………………… 31

模块四　业扩工程管理 ……………………………………………………… 40

模块五　供用电合同的签订与管理 ………………………………………… 47

实践能力训练1　业务扩充表单填写大作业 ……………………………… 60

项目4　变更用电 ……………………………………………………………… 62

模块一　变更用电的基本概念 ……………………………………………… 62

模块二　变更用电业务的工作内容、工作流程 …………………………… 63

项目5　电能计量管理 ………………………………………………………… 78

模块一　电能计量装置管理的概念 ………………………………………… 78

模块二　电能计量装置技术要求 …………………………………………… 81

模块三　电能计量装置投运前管理 ………………………………………… 84

模块四　电能计量装置运行管理 …………………………………………… 88

模块五　电能计量检定 ……………………………………………………… 92

模块六　电能计量印证 ……………………………………………………… 94

模块七　电能计量统计分析与评价 ………………………………………… 97

项目6　抄表 …………………………………………………………………… 99

模块一　抄表的基本概念 …………………………………………………… 99

模块二　抄表方式 …………………………………………………………… 101

模块三　抄表管理 …………………………………………………………… 105

模块四　抄表异常处理 ……………………………………………………… 110

项目 7　电费核算···114

　　模块一　电费核算的基本内容···114

　　模块二　电量计算··116

　　模块三　电费计算··120

　　模块四　电费核算管理··134

　　实践能力训练 2　电费计算大作业···137

项目 8　电费收取及账务处理···141

　　模块一　电费收取管理··141

　　模块二　电费催收管理··144

　　模块三　电费账务管理··147

项目 9　电费的统计与分析··150

　　模块一　电费的统计···150

　　模块二　电费的分析···151

项目 10　线损管理···154

　　模块一　线损···154

　　模块二　线损管理··155

项目 11　用电检查···159

　　模块一　用电检查的概念···159

　　模块二　违约用电、窃电行为的处理···163

项目 12　供电服务···168

　　模块一　供电服务的基本概念···168

　　模块二　营业厅服务···171

　　模块三　95598 客户服务···174

　　模块四　现场服务··178

　　模块五　电子渠道服务··178

　　模块六　电力营销通用服务规范··180

项目 13　综合能源服务···187

　　模块一　综合能源服务的基本概念···187

　　模块二　节能服务··189

　　模块三　电动汽车充电服务··191

参考文献···193

用电营业管理与实践
配套习题

用电营业管理与实践
附录

SG186 电力营销
系统实训指导书

项目1 电力营业管理概况

知识目标

➤ 了解我国电力体制的改革与发展。

➤ 认识能源的概念，了解电能的生产过程和特点，熟悉电网调度、电能质量、负荷等基本知识。

➤ 掌握电力营业管理的特点和内容。

能力目标

➤ 会阐述我国新一轮电力体制改革的主要内容。

➤ 能够介绍电力营业管理的主要内容。

模块一 我国电力体制的改革与发展

【模块描述】 本模块简单介绍我国电力体制改革与发展，通过本模块的学习了解我国电力体制改革与发展的过程。

1980年之前，我国电力工业基本上实行集中统一的计划管理体制，全国经历了长期的缺电局面。1987年确定"政企分开、省为实体、联合电网、统一调度、集资办电"的改革方针，加速了集资办电、利用外资办电、地方政府办电等，极大地促进了电源建设。

1996年开始，电力供应短缺的局面基本结束，电力总体上达到供需平衡，国家电力垂直一体化垄断管理的体制性弊端逐渐显露出来。1997年国家电力公司成立，负责电力行业商业运行的管理，加快了电力工业政企分开的步伐。

2002年，国务院出台《电力体制改革方案》（国发〔2002〕5号），提出我国电力体制改革的总体目标：打破垄断，引入竞争，提高效率，降低成本，健全电价机制，优化资源配置，促进电力发展，推进全国联网，构建政府监管下的政企分开、公平竞争、开放有序、健康发展的电力市场体系。2002年12月29日，国家电力公司拆分重组为5家发电集团公司、2家电网公司和4家辅业公司，5家发电集团公司分别是中国华能集团公司、中国大唐集团公司、中国国电集团公司、中国华电集团公司、中国电力投资集团公司；2家电网公司是指国家电网公司、南方电网公司；4家辅业公司是中国电力工程顾问集团公司、中国水电工程顾问集团公司、中国水利水电建设集团公司、中国葛洲坝集团公司。这次改革的主要任务是"厂网分开、竞价上网"，从而在发电侧引入竞争，同时成立国家电力监管委员会，负责监督和监管电力市场。2011年9月29日，重组电网的省设计院、中国电力工程顾问集团公司、中国水电顾问工程集团公司和电力建设工程公司，形成了中国电力建设集团公司（简称中国电建）、中国能源建设集团有限公司（简称中国能建）。2013年3月，国家对政府机构进行调整，将电监会并入重新组建的国家能源局。2017年8月28日，中国国电集团公司与神华集团有限责任公司合并重组为国家能源投资集团有限责任公司。

2015 年 3 月 15 日，中共中央、国务院下发了《关于进一步深化电力体制改革的若干意见》（中发〔2015〕9 号），标志着新一轮电力体制改革的开启。我国新一轮电力体制改革基调就是"四放开、一独立、一加强"，即输配以外的经营性电价放开、新增配电业务放开、售电放开、发电计划放开，交易平台相对独立，加强规划。我国新一轮电力体制改革的总体思路是"管住中间、放开两头"，管住中间是指对具有自然垄断属性的输配电网环节加强政府监管，价格由政府制定，确保电网公平开放、市场公平交易；放开两头是指在发电侧和售电侧实行市场开放准入，引入竞争，放开用户选择权，形成多买多卖的市场格局，价格由市场形成，实现发挥市场配置资源决定性作用的改革目标。我国新一轮电力体制改革的核心内容是确立电网企业新的盈利模式，不再以上网电价与销售电价差作为收入来源，而是按照政府核定的输配电价收取过网费，同时放开配电侧和售电侧的增量部分，允许民间资本进入。

模块二　电能的生产过程及其特点

【模块描述】　本模块介绍能源、负荷的基本概念，阐述电能的生产过程及其特点，从而熟悉电能生产。

一、能源

能源是指可产生各种能量（如热量、电能、光能和机械能等）或可做功的物质的统称，是指能够直接取得或者通过加工、转换而取得有用能的各种资源共享，包括煤炭、原油、天然气、水能、核能、风能、太阳能、地热能、生物质能等一次能源，电力、热力、成品油等二次能源，以及其他新能源和可再生能源。

（1）按照能源的生成方式，能源可分为一次能源、二次能源。

一次能源：自然界中以天然形态存在的能源，是直接来自自然而未经人们加工转换的能源，如煤炭、石油、天然气、水能、风能、生物质能、太阳能、地热能、海洋能等。

二次能源：在一次能源的基础上经过转换以符合人们使用要求的能源，如电能、汽油、柴油、焦炭、煤气、蒸汽、氢能等。随着科学技术的发展和社会现代化程度的提高，二次能源在整个能源消费系统中的比重将日益增大。

（2）按照能源在社会经济生活中的地位，能源可分为常规能源、新能源。

常规能源：那些普遍使用的、技术成熟的、在生产和生活中起着重要作用的能源，主要包括煤炭、石油、天然气、水能、核能等。

新能源：尚未被人类大规模利用，正在研究开发和探索的能源，如风能、太阳能、生物质能、太阳能、地热能、海洋能等。新能源发电技术主要包括太阳能光伏发电技术、太阳能热发电技术、风力发电技术、地热发电技术、生物质能发电技术、潮汐发电技术等。

（3）按照一次能源能否再生而循环使用，能源可分为可再生能源、非再生能源。

可再生能源：不会随其本身的转化或人类的利用而减少的能源，具有自然恢复的能力，如太阳能、风能、水能、生物质能、地热能、海洋能等。

非再生能源：随着人类的利用而逐渐减少的能源，如化石燃料、核燃料等。

二、电能的生产过程

电能在现代社会里已成为国民经济和人民生活必不可少的二次能源，由于它的方便、清洁、容易控制和转换等优点，其运用的范围和规模有了突飞猛进的发展。大到重工业、轻工业、交通运输、商业和服务行业，还有农业的排灌、农副产品加工、森林采伐和机械化饲养等，小到人们日常生活中的照明和各种家用电器（如电视机、电冰箱、洗衣机、吸尘器、空调和计算机等），可以说处处离不开电，没有电的现代社会将不能正常运转，因此，电气化的水平标志着社会的现代化水平。

地球上以固有形态存在的能源是一次能源，如原煤、原油、天然气、水能、核燃料等，发电厂利用发电设备将一次能源转化成为电能（二次能源），并通过传输、分配再由各种终端用电装置按生产、生活的多种需要转化为机械能、热能、光能、电磁能、化学能等实用形态的能量加以利用。

电力系统管理一般是由发电厂、输电线路、变电站、配电线路及用电设备构成，电力系统示意图如图1-1所示。

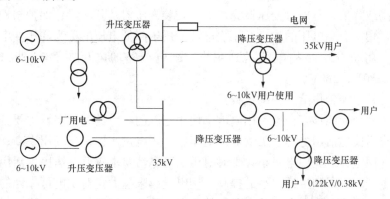

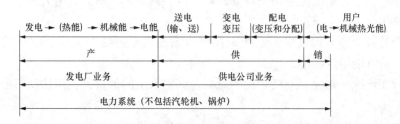

图 1-1　电力系统示意图

因此，电能的生产过程主要包括发电、输电、变电、配电、售电、用电六个环节。

（1）发电：将自然能转变为电能的过程。发电方式包括火力发电、水力发电、风力发电、核能发电、太阳能发电等。

（2）输电：将发电厂发出的电能输送到各用电负荷中心的线路。现阶段我国大力发展超高压远距离输电，输电线路电压为 1000、750、500kV 等。

将发电厂发出的电能送到各用电负荷中心的线路称为输电线路，将负荷中心的电能送到用户的线路称为配电线路。电能在输送和分配的过程中，电流在导线中流过会产生电压降落和功率损耗。减小电压降落可以提高电能质量，减少功率损耗可以提高设备的利用率和供电的经济性。因此，在线路输送功率不变的情况下，需要提高电压。随着电力工业的发展，世界各国都在不断提高输电线路的电压，大力发展超高压远距离输电，将电能用很高的电压通过输电线路送到负荷中心的变电站（所）之后，经过降压、控制，并用配电线路送电给用户。

现阶段我国电压等级可以划分为：

1）特高压：1000kV 交流、±800kV 直流以上。

2）超高压：330～750kV。

3）高压：10～220kV。

4）低压：220、380V。

5）安全电压：不危及人身安全的电压称为安全电压，我国规定交流电安全系列的上限值为 50V。国家标准规定，安全电压额定值分为 42、36、24、12、6V 五个等级。目前，我国采用的安全电压以 36V 和 12V 两个等级居多。

（3）变电：电能的远距离输送需要升压，以及电能的配送需要将电压降到用户的电压等级，因此需要变压器等设备进行电能的配送。

电压的升高或降低，是通过变压器完成的。安装变压器及其测量、保护与控制设备的地方称为变电站，用于升高电压的称为升压变电站，用于降低电压的称为降压变电站。

（4）配电：将负荷中心的电能送到用户。配电线路的电压主要有 220kV、110kV、35kV、10kV、380V、220V。

（5）售电：将电能销售给客户的过程。

（6）用电：客户应能够安全地使用电能。使用电能的客户类型很多，主要分为工商业用电、农业用电与居民生活用电等。工商业用电集中、用电量大、设备利用率高、对供电可靠性要求高；农业用电分散、用电量小，平时对供电可靠性要求较低；居民生活用电面广、形式多样，随着生产的发展和生活水平的提高，用电量越来越大，对供电可靠性的要求也越来越高。电力客户与电力系统息息相关，既依赖于电力系统，又对保证电力系统的安全生产和电能的合理使用有着一定的责任和义务。

电力生产的各个环节构成电力系统，在电力系统内必须统一调度、统一管理、统一指挥，具有统一的电能质量标准。

电网运行实行统一调度、分级管理的原则。调度系统的值班人员依法执行公务，有权拒绝各种非法干预。

衡量电力系统电能质量指标有频率、电压、波形、供电可靠性。

《供电营业规则》（电力工业部令第 8 号）第五十三条规定，在电力系统正常状况下，供电频率的允许偏差为：

1）电网装机容量在 300 万 kW 及以上的，为±0.2Hz。

2）电网装机容量在 300 万 kW 以下的，为±0.5Hz。

在电力系统非正常状况下，供电频率允许偏差不应超过±1.0Hz。

《供电营业规则》（电力工业部令第 8 号）第五十四条规定，在电力系统正常状况下，供电企业供到用户受电端的供电电压允许偏差为：

1）35kV 及以上电压供电的，电压正、负偏差的绝对值之和不超过额定值的 10%。

2）10kV 及以下三相供电的，为额定值的±7%。

3）220V 单相供电的，为额定值的+7%、−10%。

在电力系统非正常状况下，用户受电端的电压最大允许偏差不应超过额定值的±10%。

我国电力系统交流电的波形应是正弦波。用户的冲击负荷、波动负荷、非对称负荷对供电质量产生影响或对安全运行构成干扰和妨碍时，用户必须采取方法消除影响因素。

衡量供电可靠性的指标是供电可靠率。供电可靠率是以某一统计期内，实际供电时间除以本统计期全部时间的百分数表示。

$$供电可靠率 = \frac{供电时间}{统计全部时间} = \frac{统计全部时间 - 停电时间}{统计全部时间}$$

从上面的公式可知，为了提高供电可靠率，必须缩短停电时间。

《供电营业规则》（电力工业部令第8号）第五十七条规定，供电企业应不断改善供电可靠性，减少设备检修和电力系统事故对用户的停电次数及每次停电持续时间。供用电设备计划检修应做到统一安排。供用电设备计划检修时，对35kV及以上电压供电的用户的停电次数，每年不应超过一次；对10kV供电的用户，每年不应超过三次。

三、电能生产的特点

电能是一种无形的、不能大量储存的商品。

电能的特殊性在于其质量直接影响电气设备正常运转和产品质量。电力系统为保证电能的质量，所有的发电厂和供电公司都必须接受电网调度部门的统一调度和指挥，这就决定了电能生产消费的高度集中性和统一性。

四、负荷

电能的发、输、变、配、售、用，同时进行，同时完成，必须保持平衡。因此，电力系统的发电量取决于用电量，即负荷。

电力系统中所有用电设备所耗用的功率，简称负荷。电力系统的总负荷就是系统中所有用电设备消耗总功率的总和。电力负荷包括异步电动机、同步电动机、各类电弧炉、整流装置、电解装置、制冷制热设备、电子仪器和照明设施等。

按国民经济行业分类，电力负荷可区分为工业负荷、农业负荷、交通运输业负荷、照明及市政用电负荷。

按用户对其供电连续性和供电可靠性程度要求的不同，一般将电力负荷分为三级：一级负荷、二级负荷、三级负荷。

（1）符合下列情况之一时，应为一级负荷：

1）中断供电将造成人身伤亡时。

2）中断供电将在政治、经济上造成重大损失时。例如：重大设备损坏、重大产品报废、用重要原料生产的产品大量报废、国民经济中重点企业的连续生产过程被打乱需要长时间才能恢复等。

3）中断供电将影响有重大政治、经济意义的用电单位的正常工作。例如：重要交通枢纽、重要通信枢纽、重要宾馆、大型体育场馆、经常用于国际活动的大量人员集中的公共场所等用电单位中的重要电力负荷。

在一级负荷中，当中断供电将发生中毒、爆炸和火灾等事故的负荷，以及特别重要场所的不允许中断供电的负荷，应视为特别重要的负荷。

（2）符合下列情况之一时，应为二级负荷：

1）中断供电将在政治、经济上造成较大损失时。例如：主要设备损坏、大量产品报废、连续生产过程被打乱需较长时间才能恢复、重点企业大量减产等。

2）中断供电将影响重要用电单位的正常工作。例如：交通枢纽、通信枢纽等用电单位中的重要电力负荷，以及中断供电将造成大型影剧院、大型商场等较多人员集中的重要的公共场所秩序混乱等。

（3）不属于一级和二级负荷者应为三级负荷。

数以万计的用户，像工厂、矿山、机关、学校、街道、商店、交通电信、农田灌溉等的用电时间和数量都不一样，各有不同的用电规律，所以电力负荷显得不均衡。当许多客户在同一个时间用电时，形成高峰负荷，这时电力生产就比较紧张，甚至还不能满足需要；当许多客户集中在一个时间不用电时，形成低谷负荷，这时电力生产就应该相应减少，供电设备不能充分利用。

当电力系统发电设备的装机容量不能满足系统的最大负荷要求时，将导致发电机的转速下降，即频率下降，发电、供电、用电设备不能正常运行，设备寿命缩短，甚至突然损坏，造成重大事故的发生，导致电源与电网解列中断。因此，在高峰负荷时可能采取限电和停电，保证电力系统的安全。同时运用峰谷分时电价制度，利用峰、谷电价差来鼓励客户自觉地避开高峰用电时间，尽量在低谷时段用电，将高峰用电时间的部分负荷转移到低谷用电时间，达到"削峰填谷"的目的，从而确保电能质量。

模块三　电力营业管理的特点和内容

【模块描述】 本模块介绍电力营业管理工作的特点和内容，从而熟悉电力营业管理。

电能在商品交换领域中与其他有形商品有着不同的特殊性，因此，对电力营业管理工作提出了特殊的要求。

一、电力营业管理工作的特点

1. 政策性

电能是一次能源转化成的二次能源，是能源的重要组成部分，是现代化生产不可缺少的能源，它直接影响到国民经济的发展、人民生活水平的提高。

在电力企业电能销售和使用过程中，一定要贯彻好国家在各个时期有关的能源政策，使有限的电能得到充分合理的使用。电力营销人员应认真贯彻国民经济在不同时期所制定的电力分配政策，采取一系列合理用电的措施，如制定单位产品耗电定额和提高设备利用率、负荷率等。电力营销人员还应熟悉国家制定的电价政策，按照客户的用电性质进行电费管理，在客户用电后还应进行监督检查。因此，电力营销人员必须具备较高的政策水平，才能更好地贯彻党和国家对电力工业的方针政策。

2. 生产和经营的整体性

电能不能大量储存，因而不能像普通商品一样通过一般的商业渠道进入市场。只能以电力公司与消费者之间及各个消费者之间组成的电力网络作为销售电能和购买电能的流通渠道。因此，电力网络既是完成生产电能过程的基本组成部分，又是电力生产的销售渠道。电能的生产与使用是同时完成的，这就决定了电力部门能否安全可靠地供给客户符合质量标准的电源，关系到部分甚至全部客户的生产和生活；客户用电设备的安全运行和用电是否经济合理，也关系到电力部门和其他客户的安全经济运行。因此，供用电双方必须树立整体观念，共同努力使电力生产和经营有机地结合起来，实现安全、经济、优质、高效的供用电。电力部门与客户之间的关系不仅仅是单纯的买卖关系，还是互相配合、互相监督的关系。

基于这个特点，电力营销工作人员在开展业务时，既要贯彻为客户服务的精神，给客户提供便捷、可靠的供电，以满足工农业生产和人民生活的需要，又要注意电力企业安全生产所必须的技术要求；既要考虑客户当前的用电需要，又要注意电力网络今后发展的需要；既要配合市政建设，又要注意电力网络的技术改造；既要满足客户的需要，又要考虑电网的供电可能性。

电力营销工作是一种多工序且紧密衔接的生产线方式的作业。从客户申请报装开始，经现场勘查，确定供电方案、供电方式、内外部工程设计施工、中间检查、竣工检查、签订供用电合同、装表接电、建账立卡，直到抄、核、收和客户用电检查等全过程中，涉及多种工作岗位，任何一个环节失误，都将造成客户的利益损害和电力企业的损失。因此，电力营销人员必须具备整体观念，使电力工业的生产和经营有机地结合起来。这样，才能使广大客户获得安全可靠的电能，电力工业才能建成安全稳定的电网，从而做到安全、经济、优质、高效地供用电。

3. 技术和经营的统一性

供用电双方是通过一个庞大的电力网络渠道，实现电力商品的销售与购买的。电力部门和客户，绝不是单纯的买卖关系，而是需要供用电双方必须在技术领域上紧密配合，共同保证电网的安全、稳定、经济、合理运行，才能实现保质保量的销售与购买的正常进行。

电力部门除本身要贯彻"安全第一"的方针，加强技术管理，加强发、供电设备的检修和运行管理，建立安全、稳定的电网外，还必须对客户提出严格的技术要求。例如，为了保证不间断供电，要求客户安装的电气设备必须满足国家规定的技术规范，安装工艺和质量必须达到国家颁布的规程标准，运行人员的操作技术必须达到一定水平并经考试合格等。为了保证供应质量合格的电能，除电力部门应积极改造电力设施、经济合理调度外，还要求客户必须安装补偿设施，使功率因数达到规定的标准等。总之，电力部门与客户之间既是买卖关系，又要在技术上相互帮助、紧密配合，实现技术与经营的统一。

4. 电力发展的先行性

电力工业发、供电设备的建设有一定的周期性，但电能生产与使用的一致性客观上决定了电力工业的发展应当走在各行各业建设之前。电力工业的基本建设如何布局、容量规模如何确定，主要取决于广大客户用电发展的需要，与各行各业的发展规划密切相关。因此，电力营销人员应不定期开展社会调查，了解和掌握第一手资料。对新建、扩建需要用电的单位或开发区，一方面要主动了解它们的发展状况，另一方面则应要求这些单位在开工或投产前必须向电力部门提供用电负荷资料和发展规划，为电力工业的发展提供可靠的依据。只有这样，电力工业才能做到电力先行。

5. 营业窗口的服务性

电力营业管理工作是一项服务性很强的工作，它与各行各业密不可分，是电力部门和客户之间的窗口和桥梁。

电力营销人员应充分认识到电力营业管理的服务性，树立全心全意为客户服务的思想和高度的责任心，向广大客户宣传电力工业的方针政策，解决和反映客户对电力部门的要求，解答客户的用电咨询，处理日常的用电业务工作等。电力营销人员的工作态度和工作质量，直接关系到电力部门的声誉。因此，电力营销工作人员应本着对电力企业和客户负责的态度，做好本职工作，更好地为客户服务。

二、电力营业管理工作的内容

电力营业管理工作的主要任务是业务扩充、变更用电、电费管理、电能计量管理、用电检查管理和供电服务等。

(一) 业务扩充

业务扩充（简称业扩），又称报装接电，其主要任务是接受客户的新装用电和增容用电申请，根据电网实际情况，办理不断扩充的有关业务工作，以满足客户用电增长的需要。

新装用电是指客户因用电需要，初次向供电企业申请报装用电的情况。增容用电是指用电客户由于原供用电合同约定的容量不能满足用电需要，向供电企业申请增加用电容量的情况。

电能易于输送、变换，既无形，又无味，如果使用不当，会危及人们的生命、财产安全。因此，客户用电必须要申请，并严格按照电力部门的规定办理手续，不得私拉乱接。

业扩工作一般包括以下内容：

(1) 受理客户的用电申请，审查有关资料。

(2) 组织现场勘查，进行分析，根据电网供电可能性，与客户协商，确定供电方案。

(3) 根据客户的用电申请，组织供电业扩工程的设计、施工，并对客户自建内部工程的设计进行审定，确定电能计量方式。

(4) 收取业务费用。

(5) 对客户自建工程进行中间检查和竣工检查验收。

(6) 签订供用电合同。

(7) 装表、接电。

(8) 立户、归档。

(二) 变更用电

处理客户因自身原因造成的用电数量、性质、条件变更而需变更用电的事宜，如减容、暂停、暂换、迁址、移表、暂拆、更名、过户、分户、并户、改类、改压、销户，以及更改交费方式、计量装置故障等。

(三) 电费管理

客户办理有关业务手续后，开始接电，电网就开始为客户供应电能，并尽可能满足客户的需要。客户使用电能，按商品交换原则，必须按国家规定的电价、实际使用的电力和电量，定期向电力公司足额交纳电费。

电费管理，又称为抄表、核算、收费管理（简称抄、核、收），就是根据国家规定的电价，抄录、计算客户的实际使用电力和电量，定期向客户收取电费，其内容一般包括：

(1) 定期、按时、准确地抄录、计算客户的实际使用电力（最大需量、容量）和电量。

(2) 正确严格地按照国家规定的电价、客户实际使用的电力和电量，准确地计算出应收电费。

(3) 对售电量和应收电费进行审核。

(4) 及时、全部、准确地回收和上交电费。

(5) 综合统计和分析各行业的用电量、应收电费、实收电费、平均电价及其构成等。

电费管理是电力企业在电能销售环节、资金回笼、流通及周转中极为重要的一个程序，是电力企业生产经营成果的最终体现，也是电力企业进行简单再生产和扩大再生产的需要，并为国家提供资金积累的保证。

（四）电能计量管理

电能计量管理的目的是保证电能量值的准确、统一，电能计量的公平、公正、准确、可靠，维护国家利益和发供用三方的合法权益，实现电力企业和社会效益的最佳统一。

电能计量管理的内容包括法制管理和技术管理。法制管理是指遵守国家法律法规等的规定；技术管理的内容包括电能计量装置管理、标准电能计量器具管理、电能计量器具的检定管理、电能计量印证和多功能电能表编程软件管理、电能计量信息管理、电能计量器具流程管理、电能计量技术考核与统计等。

电能计量管理必须遵守国家有关法律法规的规定及国家有关部门和电力行业有关电能计量标准、规程和规范的规定，接受国家有关行政管理部门、社会和电力客户的监督。

（五）用电检查管理

用电检查工作贯穿于为电力客户服务的全过程，可以说从客户申请用电开始，直到客户销户终止供电为止，在对客户提供服务的同时，也担负着维护电力企业合法权益的任务。

用电检查工作分为售前服务和售后服务。

售前服务主要包括对新装、增容客户受（送）电工程电气图纸资料审查、对施工质量的中间检查和竣工检查。

售后服务工作就是用电检查工作的日常工作及相关的优质服务的工作，在目前形势下，用电检查工作并非是单一地对客户电气设备的检查，而应该是在售电过程中的服务上下功夫，在向客户宣传国家电力法律、法规的同时，也要为客户安全、经济、合理的使用电能出谋划策，保证客户的自身用电安全，保证电网用电的安全，同时也保证了电网中其他客户的安全用电；指导客户在政策范围内，通过合理安排生产，提高设备的利用率，利用最少的电能，获得最大的效益，同时也要保证供电企业销售更多的电能，获取更大的利益。

用电检查的日常工作管理主要包括：

（1）用电设备安全检查管理。

（2）电气设备绝缘监督管理。

（3）客户事故调查管理。

（4）客户双（多）电源检查管理。

（5）电能计量、负荷管理和调度通信装置的安全运行检查管理。

（6）客户继电保护和自动装置的检查管理。

（7）客户电压、无功、谐波的检查管理。

（8）违约用电、窃电行为的检查管理。

（9）供用电合同履行情况的检查。

（10）用电检查管理的其他内容。

（六）供电服务

供电服务，是指遵循行业标准或按照合同约定，提供合格的电能产品和规范的服务，实现客户用电需求的过程。供电服务包括供电产品提供和供电客户服务。供电客户服务工作要坚持以客户为中心，以需求为导向，充分满足客户现实和潜在的用电需求。供电客户服务主要包括营业厅服务、95598 客户服务、现场服务、电子渠道服务等。

项目2 电 价

知识目标

➢ 了解电价的基本概念、电价分类。

➢ 理解我国现行销售电价及实施范围、影响电价的因素。

➢ 熟悉我国实行的电价制度。

能力目标

➢ 能够对客户使用正确的电价和电价制度。

模块一 电价的基本概念、电价分类

【模块描述】 电价是电力市场的核心，关系到电力市场各方面参与者的利益，同时可以引导客户用电行为、调整用电量和用电时间等，从而降低生活和生产成本。本模块介绍电价的基本概念、电价分类、我国现行的销售电价及其实施范围、政府性基金及附加、影响电价的因素，通过学习可以熟悉电价。

一、电价的基本概念

电价是电力企业参与市场经济活动中，进行贸易结算的货币表现形式，它是电能价值的货币表现，是电力商品价格的总称。

《中华人民共和国电力法》第三十六条规定：制定电价，应当合理补偿成本，合理确定收益，依法计入税金，坚持公平负担，促进电力建设。

所以，电价＝电能成本＋税金＋利润。

二、电价分类

按生产和流通环节，电价可以分为电力生产企业的上网电价、输配电价、电网间互供电价、销售电价等。

上网电价：发电企业上网电量的电价。

输配电价：以输电网和配电网输送成本为依据制定的，按照输送电量来收费，也称为"过网费"，相当于高速公路的收费（过路费）。由各省核定，收费种类分为一般工商业及其他用电、大工业用电两种。根据不同的电压等级，输配电价的定价也不一样。大工业用电输配电价较低，且用电电压等级越高，输配电价越低，见附录2-1❶。

电网间互供电价：各电力网间有互供电关系时而执行的一种电价，仅适用于各电力网间彼此隶属关系不同，不能统一核算，在各网结算电费时应用。

销售电价：电力供应企业向电力使用者供给、销售电力的价格，见附录2-2。

---

❶ 本书附录不再单独列出，请扫描目录所附二维码进行查看。

三、我国现行销售电价及实施范围

按销售方式，销售电价分为直供电价、趸售电价。

直供电价是指电网直接供电的价格。

趸售电价，就是批发电价，是指向不隶属电网的各县电力公司所供的电，是随着农电的发展而形成的，例如这些县的电力公司属于地方政府管辖。趸售电价按当时执行的电价优惠30%，农业排灌电价优惠40%左右，并且只趸售到县一级，不得再向乡、村层层趸售，见附录2-3。

按照用电类别不同，我国现行销售电价分为居民生活用电电价、农业生产用电电价（含农业排灌）、一般工商业及其他用电电价（包括非居民、商业、非工业、普通工业）、大工业用电电价。

1. 居民生活用电电价

凡是居民生活用的照明及家用电器用电均按居民生活用电电价计收。我国对城乡"一户一表"居民用电实行单一制电价制度、阶梯电价制度。

（1）城乡居民"一户一表"电价：城乡居民"一户一表"指城乡居民家庭住宅内的生活服务用电，并由供电企业直接抄表、收费到户。"一户一表"城乡居民用户执行居民年阶梯电价。

（2）城乡居民合表电价：合表居民用户指供电企业抄表、收费到总表，不直接抄表、收费到"户"的城乡居民生活用电用户，例如企事业单位安装总表的家属区、集体宿舍用电等。

（3）执行居民电价的非居民用电：包括城乡居民住宅公用附属设施用电、学校教学和学生生活用电、社会福利场所生活用电、宗教场所生活用电、城乡社区居民委员会服务设施用电、监狱监房生活用电、农村安全饮水工程供水用电、居民充电设施用电、城镇居民小区二次供水用电、夜景灯饰工程用电、城镇公用路灯照明、电热锅炉用电、"公共人防工程"的建设与开发利用用电等。

2. 农业生产用电电价

农业生产用电电价，是指农业、林木培育和种植、畜牧业、渔业生产用电、农业灌溉用电及农业服务业中的农产品初加工用电的价格。其他农、林、牧、渔服务业用电和农副食品加工业用电等不执行农业生产用电电价。

农业生产用电的适用范围包括：

（1）农业用电：各种农作物的种植活动用电。包括谷物、豆类、薯类、棉花、油料、糖料、麻类、烟草、蔬菜、园艺作物、水果、坚果、含油果、饮料和香料作物、中草药及其他作物种植用电。黑光灯捕虫用电和防汛时照明用电等，均按农业生产用电电价计收电费。

（2）林木培育和种植用电：林木育种和育苗、造林和更新、森林经营和管护等活动用电。不包括木材和竹材加工用电。

（3）畜牧业用电：为了获得各种畜禽产品而从事的畜禽饲养活动用电。不包括专门供体育活动和休闲等有关活动相关的禽畜饲养用电。

（4）渔业用电：在内陆水域对各种水生动物进行养殖、捕捞，以及在海水中对各种水生动植物进行养殖、捕捞活动用电。不包括专门供体育活动和休闲钓鱼等有关活动用电及水产品的加工用电。

（5）农产品初加工用电：对各种农产品（包括天然橡胶、纺织纤维原料）进行脱水、去籽、净化、分类、晒干、剥皮、初筛、沤软等或大批包装以提供初级市场的用电。不包括工厂生产企业内的农产品初加工环节用电。

（6）农业灌溉用电：为农业生产服务的灌溉及排涝用电。

粮食农作物防汛、抗旱的排涝、灌溉用电执行农业排灌电价；国家级贫困区县的农村饮水安全工程供水用电按贫困县农业排灌用电价格执行，其他区县农村饮水安全工程用电仍按居民生活合表用户用电价格执行。

电网企业对居民生活用电、农业生产用电提供供电保底服务，由电网企业承担最终供电责任。

3. 一般工商业及其他用电电价（又称为"单一制工商业及其他用电电价"）

（1）非居民照明用电：除居民生活用电、商业用电、大工业用户生产车间的照明和空调用电以外的照明、空调、办公设备用电。

（2）商业用电：从事商品交换或提供商业性、金融性、服务性、娱乐性有偿服务的所有用电。包括：批发零售贸易业的用电、餐饮业的用电、金融保险业的用电、邮电通信业的用电、旅游旅馆业的用电、娱乐业的用电、信息广告业的用电、对外收费的公园、公厕、展览馆、公路收费站等单位的用电。

（3）非工业用电：凡以电为原动力，或以电冶炼、烘焙、熔焊、电解、电化的试验和非工业生产，其总容量在 3kW 及以上。

（4）普通工业用电：凡以电为原动力，或以电冶炼、烘焙、熔焊、电解、电化的一切工业生产及修理业务，且受电变压器总容量不足 315kVA 的用电，其电价实行单一制电价制度。

4. 大工业用电电价（又称为"两部制工商业及其他用电电价"）

大工业用电指受电变压器（含不通过受电变压器的高压电动机）容量在 315kVA 及以上的工业用电。大工业客户实行两部制电价制度，并按功率因数的高低调整电费。

（1）以电为原动力，或以电冶炼、烘焙、熔焊、电解、电化、电热的工业生产用电。

（2）铁路（包括地下铁路、城铁）、航运、电车及石油（天然气、热力）加压站生产用电。

（3）自来水、工业实验、电子计算中心、垃圾处理、污水处理生产用电等。

（4）对向电网经营企业直接报装接电的经营性集中式充换电设施用电，执行大工业用电价格。2020 年前，暂时免收基本电费，电动汽车充换电设施用电执行峰谷分时电价政策。

（5）发电企业启动调试阶段或由于自身原因停运向电网企业购买的生产用电执行当地销售电价表中的大工业类电量电价标准，不执行功率因数调整电费办法、分时电价和基本电价。

对于大工业客户的井下、车间、厂房内的生产照明和空调用电，仍执行大工业电价。对于农村符合大工业条件的社、队、乡镇工业，也执行大工业电价。

农副食品加工业用电指直接以农、林、牧、渔产品为原料进行的谷物磨制、饲料加工、植物油和制糖加工、屠宰及肉类加工、水产品加工用电，以及蔬菜、水果、坚果等食品的加工用电。农副食品加工业用电执行工商业及其他用电电价。

目前，一般工商业及其他用电与大工业用电可以归并为工商业及其他用电。

四、政府性基金及附加

我国在收取电费的同时征收一些政府性基金，主要包括：国家重大水利工程建设基金、农网还贷资金、大中型水库移民后期扶持基金、地方水库移民后期扶持基金、可再生能源电价附加。国家逐渐降低政府性基金及附加，从而合理调整电价结构，进一步降低用能成本，助力企业减负，促进供给侧结构性改革。

1. 国家重大水利工程建设基金

除国家级贫困县农业排灌用电外的各类用电均应收取，自 2010 年 1 月 1 日起执行征收，在此之前是三峡工程建设基金。2016 年以前按每千瓦时电 0.7 分钱收取，2017 年按每千瓦时电 0.52 分钱收取，2018 年按每千瓦时电 0.39375 分钱收取，2019 年按每千瓦时电 0.196875 分钱收取，用于支持国家重大水利工程建设。

2. 农网还贷资金

除贫困县农业排灌用电外的各类用电均应收取，用于农村电网改造贷款还本付息。农网还贷资金按每千瓦时电 2 分钱收取，农网还贷资金自 2001 年 1 月 1 日起执行征收。

3. 水库移民后期扶持基金

除农业生产用电外，其他所有用电均应征收，包括大中型水库移民后期扶持基金、地方水库移民后期扶持基金，用于扶持农村移民改善生产生活条件，促进库区和移民安置区经济社会和谐发展。

4. 可再生能源电价附加

除农业生产用电外，其他所有用电均应征收可再生能源电价附加，用于支持我国可再生能源的发展。2012 年居民生活用电每千瓦时附加 0.1 分钱，其他用电每千瓦时附加 0.8 分钱；2016 年以后居民生活用电每千瓦时附加 0.1 分钱，其他用电每千瓦时附加 1.9 分钱。

五、目录电价

电量电价扣除政府性基金及附加之后得到目录电价，通过目录电价形成的电费才是电力公司的收入。

目录电价＝电量电价－政府性基金及附加。

计算丰枯、峰谷电价的基准销售电价是国家规定的电量电价扣除政府性基金及附加后的目录电价，基本电价以及政府性基金及附加不实行丰枯、峰谷浮动。

六、代理购电

代理购电是对暂未直接从电力市场购电的工商业用户，由电网企业以代理方式从电力市场进行购电。

按照《国家发展改革委关于进一步深化燃煤发电上网电价市场化改革的通知》（发改价格〔2021〕1439 号）、《国家发展改革委办公厅关于组织开展电网企业代理购电工作有关事项的通知》（发改办价格〔2021〕809 号）相关文件要求，自 2021 年 10 月 15 日起，有序推动工商业用户全部进入电力市场，按照市场价格购电，取消工商业目录销售电价。目前尚未进入市场的用户，10kV 及以上的用户要全部进入，其他用户也要尽快进入。对暂未直接从电力市场购电的用户由电网企业代理购电，代理购电价格主要通过场内集中竞价或竞争性招标方式形成，首次向代理用户售电时，至少提前 1 个月通知用户。已参与市场交易、改为电网企业代理购电的用户，其价格按电网企业代理其他用户购电价格的 1.5 倍执行。各地要结合当地电力市场发展情况，不断缩小电网企业代理购电范围。

电网企业代理购电不向用户收取代理费用。代理购电用户电价由代理购电价格、输配电价、政府性基金及附加组成。其中，代理购电价格随电力市场供需情况波动，波动部分将影响用户电价。

保持居民、农业用电价格稳定。居民（含执行居民电价的学校、社会福利机构、社区服务中心等公益性事业用户）、农业用电由电网企业保障供应，执行现行目录销售电价政策。各地要优先将低价电源用于保障居民、农业用电。

七、影响电价的因素

影响电价的因素有需求关系、自然资源、时间、季节、其他政策性因素等。

1. 需求关系对电价的影响

需求是指在其他条件相同的情况下，在某一特定的时期内，消费者在有关的价格下，愿意并有能力购买某一商品或劳务的各种计划数量。

影响需求关系这一决定因素的有消费者个人收入或财富、其他竞争产品或相关产品的价格、消费者的嗜好与偏爱等。

2. 自然资源对电价的影响

我国的能源资源丰富，但分布极不平衡，造成了各地区电网的平均成本参差不齐，应根据电网平均成本制定地区电价。

3. 时间因素对电价的影响

发、供、用电是在同一时间完成的，这一过程中任何一个环节发生故障都将影响电能的生产和供应。

4. 季节因素对电价的影响

对水电比重较大的电网，应考虑季节变化的影响。枯水期电网主要靠火电厂发电，电网平均成本会相应增高，因此，枯水期电价偏高。

5. 其他政策性因素对电价的影响

国家在不同时期有着不同的经济政策，这些政策也会影响价格的制定与形成。

模块二　我国实行的电价制度

【模块描述】　本模块介绍我国实行的主要电价制度，即单一制电价制度、两部制电价制度、季节性丰枯电价制度、峰谷分时电价制度、阶梯电价制度、功率因数调整电费办法，通过学习可以熟悉我国实行的电价制度。

一、单一制电价制度

单一制电价是以用户计费电量为依据，按用户耗用电量计算电费。

单一制电价制度适用于除大工业客户以外的所有客户，包括居民生活用电、一般工商业及其他用电、农业生产用电。

二、两部制电价制度

两部制电价把电价分成两部分：

（1）基本电价，又称容量电价，反映电力企业的固定成本（也称容量成本）。在计算每月基本电费时，以客户用电设备容量（kVA）或最大需量（kW）进行计算，与客户每月实际用电量无关。

（2）电量电价，又称电度电价，反映电力企业的变动成本。在计算每月电量电费时，以客户每月实际用电量（kWh）进行计算，与客户用电设备容量或最大需量无关。

按以上两种电价分别计算后的电费相加，实际功率因数调整电费后，即为客户应付的全部电费。

两部制电价制度的作用：①发挥价格的杠杆作用，促使客户提高设备利用率，改变"大马拉小车"的状况，同时降低最大负荷，提高电网负荷率，减少无功负荷，改善用电功率因数，提高电力系统的供电能力，使供用双方从降低成本中都获得一定经济效益。②使客户合理负担电力生产的固定成本。无论客户用电量多少，电力企业为了满足客户随时用电的需要，都备用一定的发、供电设备容量，从而支付一定的容量成本，因此这部分成本应由客户合理分担。

我国对受电变压器容量在 315kVA 及以上的大工业客户实行两部制电价制度。

三、季节性丰枯电价制度

季节性丰枯电价制度是根据全年水电的水利资源在不同季节的丰枯情况，在不同的季节实行不同的电价。通常将一年 12 个月分为丰水期、平水期、枯水期，平水期为 5 月、11 月，丰水期为 6～10 月，枯水期为 1～4 月、12 月。

平水期电价就是目录电价，丰水期电价在平水期电价基础上下浮一定比例，相反，枯水期电价在平水期电价基础上上浮一定比例。

平水期电价＝目录电量电价。

丰水期电价＝目录电量电价×（1－下浮比例）。

枯水期电价＝目录电量电价×（1＋上浮比例）。

重庆市规定：平水期电价按照国家现行目录电价执行，丰水期按平水期电价下浮 10％，枯水期按平水期电价上浮 20％，作为基准电价。

四、峰谷分时电价制度

峰谷分时电价制度是根据电网的日负荷情况将全天 24 小时分为尖峰、高峰、低谷、平段时段，在不同的时段实行不同的电价。

重庆市规定：尖峰时段 19：00～21：00；高峰时段 8：00～12：00，21：00～23：00；平段 7：00～8：00，12：00～19：00；低谷时段 23：00～7：00（次日）。

尖峰、高峰电价在平段电价基础上上浮一定比例，低谷电价在平段电价基础上下浮一定比例。

平段电价＝基准电价＝丰枯电价。

尖峰电价＝基准电价×（1＋上浮比例）。

峰段电价＝基准电价×（1＋上浮比例）。

谷段电价＝基准电价×（1－下浮比例）。

1、7、8、12 月尖峰电价在基准电价的基础上上浮 70％，其他月份上浮 50％；高峰电价在基准电价的基础上上浮 50％；低谷时段在基准电价基础上下浮 50％。

实行丰枯、峰谷电价只包括目录电量电价，不包括基本电价和代收基金及附加。对实行丰枯、峰谷电价的用户，应在目录电量电价基础上先进行丰枯调整，作为当月的基准电价，再进行峰谷电价调整。

丰枯、峰谷电价制度是对 100kVA 及以上的大工业用户、普通工业、非工业用户动力用电执行，低压动力用电不执行。

五、阶梯电价制度

阶梯电价制度又被称为两级或多级电价制度，就是把客户每月用电量划分成两个级别或多个级别，各级别之间的电价不同。

为了推销电能，鼓励多用电，以获取较多利润，可规定用电量越多，其电量电价越低的计费办法。

由于我国大部分地区电能生产不能满足负荷需求，为了鼓励客户节能，按照用户消费的电量分段定价，用电价格随用电量增加呈阶梯状逐级递增的一种电价机制。

目前我国对城乡"一户一表"居民用电实行阶梯电价制度，把居民每个月的用电分成三档，如表 2-1 所示。

表 2-1   居民阶梯电价方案

分档	用电性质	覆盖范围	电价方案
第一档	基本用电	覆盖 80％居民的用电量	保持稳定，不做调整
第二档	正常用电	覆盖 95％居民的用电量	提价幅度不低于 0.05 元/kWh
第三档	高质量用电	—	提价 0.3 元/kWh
免费档	—	城乡低保户和五保户	每月提供 10~15kWh 免费电量

居民阶梯电价从"按月执行"调整为"按年执行"，即"月阶梯"转变为"年阶梯"，有利于居民用户在一个年度自行调剂用电量，一定程度上缓解因季节差异导致不同月份用电量不同所带来的矛盾，保证居民充分使用第一、二档电量，降低电费支出，减轻居民生活负担。

六、功率因数调整电费办法

功率因数调整电费是根据用户功率因数的高低，按一定比例减少或增加的电费。

根据原水利电力部、国家物价局于 1983 年 12 月颁发的《功率因数调整电费办法》（水电财字第 215 号）：

（1）功率因数标准 0.90，适用于 160kVA（kW）以上的高压供电工业用户（包括社队工业用户）、装有带负荷调整电压装置的高压供电电力用户和 3200kVA（kW）及以上的高压供电电力排灌站。

（2）功率因数标准 0.85，适用于 100kVA（kW）及以上的其他工业用户（包括社队工业用户）、100kVA（kW）及以上的非工业用户和 100kVA（kW）及以上的电力排灌站。

（3）功率因数标准 0.80，适用于 100kVA（kW）及以上的农业用户和趸售用户，但大工业用户未划由电业直接管理的趸售用户，功率因数标准应为 0.85。

凡专用变压器在 100kVA 及以上的大宗工业用户（含趸售）、非工业用户、普通工业用户、农业生产用户、农业排灌用户、商业用户均执行功率因数调整电费，低压用户不执行功率因数调整。农产品批发市场、城区菜市场用电不参与功率因数调整。

凡执行功率因数调整电费办法，用户无功补偿装置应随负荷变动进行调整，无功补偿应加装自动投切装置并投入运行，否则只罚不奖。商业用户功率因数调整实行只罚不奖。

装有无功补偿设备且有可能向电网倒送无功电量的用电客户，其无功电能表应能正确记录正、反向无功电量，供电企业必须同时抄录正、反向无功电量，并按用电客户倒送的无功电量与实用无功电量两者的绝对值之和，计算月平均功率因数。

对于变压器高压侧一点计量的客户，其无功电量考核点应在高压计量表计处，对该变压器所供电的动力及照明用电，均应纳入功率因数计算和功率因数电费考核；对于实行无功电量在变压器低压侧计量的，应对无功电能表以下的所有用电执行功率因数计算和功率因数电费调整。

项目 3　业　务　扩　充

知识目标

➢ 熟悉业务扩充的工作内容、工作流程。

➢ 了解业务受理的项目、受理方式及工作要求。

➢ 清楚供电方案的内容。

➢ 了解业扩工程的管理。

➢ 熟悉供用电合同的签订与管理。

能力目标

➢ 会填写用电申请书、供电方案答复单、供用电合同等电力营销工作单。

➢ 可以为客户确定供电方案。

➢ 能够在电力营销管理信息系统中进行业务扩充流程操作。

模块一　业务扩充的基本概念、工作内容、工作流程

【模块描述】　本模块介绍业务扩充的基本概念、工作内容、工作流程，通过学习，理解业务扩充的基本内容。

一、业务扩充的基本概念

业务扩充（简称业扩），又称业扩报装、报装接电，就是接受客户的新装用电和增容用电申请，根据电网实际情况，办理不断扩充的有关业务工作，以满足客户用电增长的需要。

业务扩充就是根据客户用电申请的用电设备安装地点（受电点）、用电容量、用电性质及其他要求，并根据电网的结构或规划，从各个可能提供电源的供电点（如发电厂、变电站、输配电线路、公用配电变压器等），向客户提供合适电能的整个处理过程。

业务扩充包括新装用电和增容用电。

新装用电是指客户因用电需要，初次向供电企业申请报装用电的情况。

增容用电是指用电客户由于原供用电合同约定的容量不能满足用电需要，向供电企业申请增加用电容量的情况。

按照客户性质不同，业扩报装分为居民客户业扩报装、低压非居民业扩报装和高压客户业扩报装。居民客户业扩报装是指对居民用电申请进行业扩报装，低压非居民业扩报装是指对供电电压为 220/380V 的非居民客户进行业扩报装，高压客户的业扩报装是指对供电电压为 10kV 及以上的客户进行业扩报装。

二、业务扩充的工作内容、工作流程

（一）居民客户的业务扩充

居民客户业扩适用于电压等级为 220/380V 的居民客户新装、增容用电。

居民客户业扩是在规定的时限内，采用流程化方式实现居民用电报装的业务受理、现场勘查、审批、答复供电方案、确定费用、业务收费、装表接电、客户回访、归档的全过程管理，满足客户用电需求。

居民客户新装的业务办理工作流程如图3-1所示。

在居民业扩的业务办理过程中，对客户的服务主要体现在用电申请、装表接电环节中。

居民新装的客户服务流程如图3-2所示。

1. 用电申请、业务受理

居民客户可以在营业厅、"网上国网"手机APP、95598网站等业务办理渠道，提出用电申请，填写用电申请书（附录3-1），提供相应申请资料，主要包括用电人有效身份证明、用电地址权属证明。

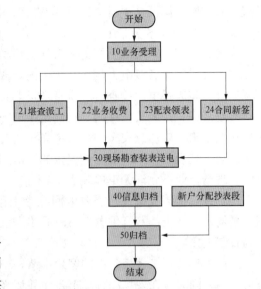

图3-1 居民新装的工作流程

图3-2 居民新装的客户服务流程

或其他有效身份证明文件等。

（1）用电人有效身份证明：包括居民身份证、临时身份证、户口本、军官证或士兵证、台胞证、港澳通行证、外国护照、外国永久居留证（绿卡），

（2）用电地址权属证明：包括房屋产权所有证（购房合同）或土地使用证、租赁协议（含出租方房屋产权证明或土地使用证）、法院判决文书（须明确房屋或土地产权所有人）等。

若暂时无法提供用电地址权属证明，可以提供"一证受理"服务，在客户提供用电人有效身份证明并签署承诺书（附录3-2）后，会先行启动后续工作，其余材料在后续环节补充完整即可。

如果是受用电人委托办理业务，还须提供委托证明、被委托人的有效身份证明。

电力公司工作人员受理申请，审核资料，在受理申请当日内应在电力营销系统内创建业务工单，同时完成电子工单的打印并请客户签字确认；明确告知客户，其填写的指定手机将收到告知短信，请务必确保预留的手机号真实、有效；向客户提供业务办理告知书（附录3-3），如有需要还应提醒客户在现场勘查时应补交的相关资料。

为了降低客户"获得电力"成本，根据相关文件，取消农民新装电表费和"一户一表"的居民用户安装电表费。"获得电力"主要包含环节、时间、成本、供电可靠性及电费透明度等指标。

按照规范的格式合同，电力公司与居民客户签订居民供用电合同（附录3-4），完善相关手续。然后，在电力营销系统中完成勘查派工。

根据业务受理环节制定的计量方案准确进行计量装置配表，注意核对表计容量、型号、准确度等级等信息，确保正确无误。

在用电业务办理过程中，如果客户需要了解业务办理进度，可以到营业厅、联系客户经理或登录"网上国网"手机 APP 进行查询。

2. 现场勘查、装表接电

提前联系客户，应准备好备用表计、线材等必要工具、材料。

电力公司的装表接电人员将在 1 天内，或者按照与客户约定的时间开展上门服务，进行现场勘查、装表接电，勘查时应携带现场勘查工作单（附录 3-5）。

现场具备直接装表条件的，在确定供电方案后当场装表接电，现场装表时应检查相序，确保接线正确；应注意安全，严格遵守相关安全规程。装表完成后应请客户在装表工作单上签字确认。装表工作单应准确地提供如下信息：表计起度、铅封号、技术标识号、实际装表时间。现场作业不允许无工单装表。

不具备直接装表条件、需要电网配套工程的客户申请，应在规定时间完成电网配套工程。现场人员在查勘答复供电方案时同步提供设计简图、明确施工要求，在电网配套工程竣工当日装表接电。

其他不具备直接装表条件的客户申请，现场人员应明确告知客户原因，待该原因消除后方可安装，同时应在现场勘查单上备注并请客户签字确认。

装表接电人员装表接电后记录电能表信息，并完成装表凭证。如果涉及工程，将在 10 天内完成工程施工，在客户办理相关手续后，在 1 天内装表接电。按照国家有关规定，客户自行购置、安装合格的漏电保护装置，以确保用电安全。

工作人员应根据现场情况，在工作当日在电力营销系统中完成现场勘查、装表接电环节。

3. 归档

归档包括信息归档、资料归档。

（1）信息归档：重点关注客户计量方式、起止度、行业分类、电价执行、倍率等基础信息资料是否正确，仔细核查时限是否超标，应在客户第一个抄表例日前完成。

（2）资料归档：业务受理员应在低压居民客户新装业务办结后的 2 个工作日内检查工单处理有无错误，核对纸质资料与系统资料的一致性。在检查无误后对资料进行归档登记，归档资料应包括居民一户一表用电申请单及附件、现场勘查确认单、居民供用电合同等。

4. 新户分配抄表段

根据属地化原则由相应工作人员进行分配抄表段，按照客户所在区域正确划分抄表段，注意新抄表段数据维护的及时性。

（二）低压非居民客户的业务扩充

低压非居民客户的业务扩充适用于电压等级为 220/380V 的低压非居民客户的新装、增容用电。

低压非居民客户业扩是在规定的时限内，采用流程化方式实现低压非居民客户用电报装的业务受理、现场勘查、审批、答复供电方案、装表接电、客户回访、归档的全过程管理，满足客户用电需求。

低压非居民客户新装的业务办理工作流程如图 3-3 所示。

低压非居民客户新装的客户服务流程如图 3-4 所示。

1. 用电申请

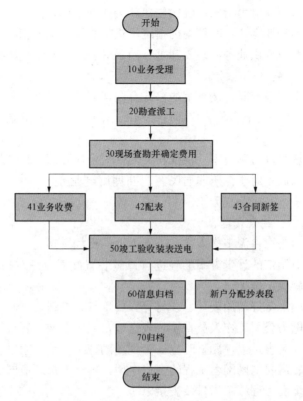

图 3-3 低压非居民客户新装的工作流程

低压非居民客户可以在营业厅、"网上国网"手机 APP、95598 网站等业务办理渠道，提出用电申请，填写用电申请书（附录 3-1），提供相应申请资料，主要包括用电人有效身份证明、用电地址权属证明。

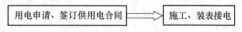

图 3-4 低压非居民客户业扩的客户服务流程

（1）用电人有效身份证明：自然人客户提供居民身份证、临时身份证、户口本、军官证或士兵证、台胞证、港澳通行证、外国护照、外国永久居留证（绿卡），或其他有效身份证明文件等。法人或其他组织提供营业执照、组织机构代码证及法定代表人的有效身份证明。

（2）用电地址权属证明：包括房屋产权所有证（购房合同）或土地使用证、租赁协议（含出租方房屋产权证明或土地使用证）、法院判决文书（须明确房屋或土地产权所有人）等。

若暂时无法提供用电地址权属证明，可以提供"一证受理"服务，在客户提供经办人和用电人有效身份证明并签署承诺书（附录 3-2）后，会先行启动后续工作，其余材料在后续环节补充完整即可。

如果是受用电人委托办理业务，还需提供用电人的授权办理证明、被委托人的有效身份证明。

若办理用电的房屋性质属于租用，应要求提供租赁合同复印件、承租人的身份证复印件，户名以承租人登记。

电力公司工作人员受理申请，审核资料，如资料存疑，也可要求客户签署承诺书。

在受理申请当日内应在电力营销系统内创建新装业务工单，同时完成电子工单的打印并请客户签字确认。明确告知客户，其填写的指定手机将收到告知短信，请务必确保预留的手机号真实、有效。向客户提供业务办理告知书（附录 3-3），如有需要还应提醒客户在现场勘查时应补交的相关资料。

线下报装客户在申请报装时，按规范的格式合同，同步签订低压非居民供用电合同（附录 3-6），完善相关手续。线上报装客户通过"网上国网"手机 APP 进行线上低压非居民供用电合同签订。

为了降低客户"获得电力"成本，根据相关文件规定，除高可靠性供电费用之外的其他业务费用已经取消，因此，对于低压非居民客户办理用电业务，电力公司不收取任何费用。然后，在电力营销系统中完成勘查派工。

2. 现场勘查、施工、装表接电

受理申请后，电力公司将派工作人员在 1 天内上门现场勘查。

根据业务受理环节制定的计量方案准确进行计量装置配表，注意核对表计容量、型号、准确度等级等信息，确保正确无误。

提前联系客户，应准备好备用表计、线材等必要工具、材料。

具备条件的，由电力公司工作人员直接装表送电，或者按照与客户约定的时间开展上门服务，进行现场勘查、装表接电，勘查时应携带现场勘查工作单（附录 3-5）。

不具备装表条件、需要电网配套工程的客户申请，现场人员还应同步提供设计简图、明确施工要求，在电网配套工程竣工当日装表接电。

涉及用电地址红线外工程建设的，其中仓储、小微企业用电，由电力公司全权负责实施，客户无需支付任何外线工程建设费用。由电力公司负责建设的红线外工程，电力公司在工程完工当日完成装表接电。

其他类型的低压非居民用电，则按产权分界点划分外部工程实施范围，产权分界点及电网侧工程建设由供电企业负责实施，分界点负荷侧工程由客户负责实施。

现场人员应根据现场情况，在工作当日在电力营销系统中的现场勘查环节选择"既有配套工程又有受电工程（接户线工程）"或"有配套无受电工程（接户线工程）"，并按系统规范性要求在当日发送至下一环节。

工作人员应根据现场情况，在工作当日在电力营销系统中完成现场勘查、装表接电环节。

3. 归档

归档包括信息归档、资料归档。

（1）信息归档：重点关注客户计量方式、起止度、行业分类、电价执行、倍率等基础信息资料是否正确，仔细核查时限是否超标，应在客户第一个抄表例日前完成。

（2）资料归档：业务受理员应在低压非居民客户新装业务办结后的 2 个工作日内检查工单处理有无错误，核对纸质资料与系统资料的一致性。在检查无误后对资料进行归档登记，归档资料应包括用电申请单及附件、现场勘查确认单、低压非居民供用电合同等。

4. 新户分配抄表段

根据属地化原则由相应工作人员进行分配抄表段，按照客户所在区域正确划分抄表段，注意新抄表段数据维护的及时性。

（三）低压小微企业的业务扩充

低压小微企业的业务扩充是指对申请用电容量在 160kVA 及以下，以低压（0.4kV 及以下）方式供电的零星非居民客户申请新装、增容用电业务。

对小微企业的业务办理遵循"一址一户"原则，即一个用电地址权属证明对应一个低压小微企业，原则上只安装一套计量装置。用电主体为非居民，应提供营业执照。

小微企业不需要购买变压器，接入电网的外线工程也不需要任何费用。

为了支持小微企业发展，电力公司开展小微企业报装接电"三零"服务，持续优化电力营商环境。

1. "三零"服务

（1）零上门：小微企业可通过"网上国网"手机 APP、政府行政审批服务大厅、供电营业厅等多种渠道提出用电需求，电力公司将主动委派专人服务，企业无需再专门跑一趟。

（2）零审批：电力公司一次性收取所需办电资料，已有资料尚在有效期内，无需再次提供。对于外线工程涉及占路、掘路和临时占用绿地等行政审批的情况，由电力公司一并办理相关许可手续，小微企业无需往返政府部门。

（3）零投资：因接入引起的表和表箱及以上供配电设施新（改）建工程费用，由电力公司全额承担，外线工程无需小微企业出资。

2. 低压小微企业办理环节

（1）申请签约：小微企业可以通过"网上国网"手机 APP、营业厅等线上、线下渠道提出用电需求，电力公司将在线上推送低压供用电合同，客户可在线签订合同。小微企业可全程网办，办电"零上门"。

申请资料主要包括用电申请书（含用电设备统计表）、用电人有效身份证明和用电地址权属证明。

（2）施工接电：业务受理后，电力公司将在 1 天内组织现场勘查，具备条件的将直接装表送电。若涉及外线工程，电力公司将开展工程设计和现场施工，并在承诺时限内完工，在完工当日，电力公司组织送电。

低压小微企业获得电力时间不超过 15 天，其中具备直接装表条件、无外线工程的客户在 4 天内接电，架空线路连接的项目在 10 天内接电，地下电缆连接的项目在 15 天内接电。

（四）高压客户的业务扩充

高压客户的业务扩充适用于电压等级为 10（6）kV 及以上客户的新装、增容用电。

高压客户的业务扩充是指在一定的时限内，为用电设备容量在 100kW 及以上或变压器容量在 50kVA 以上（特殊情况下，容量范围可适当放宽）客户的用电新装申请，组织现场勘查，制定 10（6）kV 及以上电压等级供电方案，向客户收取有关营业费用，跟踪供电工程（外部工程）的立项、设计、图纸审查、工程预算、设备供应、施工过程，组织受电工程的图纸审查、中间检查、竣工验收，与客户签订供用电合同，并给予装表送电，完成归档立户全过程管理。

35kV 客户新装的工作流程如图 3-5 所示。

为了简化办电手续，电力公司对于普通客户取消了设计审查、中间检查，供电方案答复后，直接进入到竣工验收。如果用电负荷是重要负荷，需要两路及以上电源供电的情况，在设计和土建施工完成后，电力公司需要对业扩工程进行设计审核、中间检查。

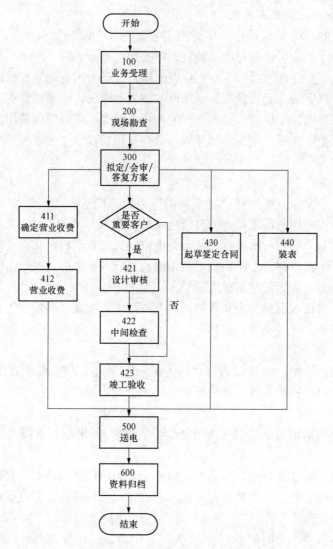

图 3-5　高压客户新装的工作流程

高压新装的客户服务流程如图 3-6 所示。

图 3-6　高压新装的客户服务流程

1. 用电申请受理

高压客户可以在营业厅、"网上国网"手机 APP、95598 网站等业务办理渠道，提出用电申请，填写用电申请书（附录 3-1），按照申请资料清单准备资料，详见用电业务办理告知书（高压）（附录 3-3）中的申请资料清单。

业务受理员（或大客户经理）接受客户申请，客户可通过跨区受理，实现同一地区可跨营业厅受理办电申请，要求在同一供电单位内的所有营业网点均能受理本单位的客户用电申请，采取"内转外不转"的方式流转到相应的中心、供电营业所办理后续环节。

在受理环节实施"一证受理"，客户在出具用电主体资格证明（如居民身份证、营业执照或组织机构代码证等其中一种），并签署承诺书后，即可正式受理申请，其他存档资料由经办人员在后续环节上门收取，减少客户临柜次数。

存档资料应包括用电工程项目批准的文件，用电负荷、保安电力、用电规划。

业务受理员（或大客户经理）应指导客户正确填写高压客户用电申请单，同时检查核对用电申请书中的客户签字（盖章），用电申请涉及的内容应包括：

（1）客户名称及客户类型。

（2）用电地址。

（3）单位证件类别及号码。

（4）联系人及联系方式。

（5）电力用途及主要设备清单。

（6）申请新装变压器容量。

（7）申请时间。

（8）客户其他信息。

业务受理员（或大客户经理）在详细了解客户需求后，审核确认客户申请资料的完整和准确后，正式受理申请，在电力营销系统中启动高压新装业务流程，进入业务受理工作。

业务受理员（或大客户经理）应在正式受理申请后 1 个工作日内将相关资料传递到客户服务中心。

2. 现场勘查、供电方案答复

电力公司受理高压客户用电申请后，安排客户经理在 2 个工作日内或按照约定的时间，组织相关部门联合现场勘查供电条件，现场勘查参与人员要签字确认。

编制供电方案后，大客户经理组织相关部门通过协同办公系统进行网上会签或集中审查，不再进行分级审批，并形成最终供电方案。

大客户经理应在 9 天内答复供电方案，将供电方案批复意见告知或送交客户。

产权分界点负荷侧工程由客户负责实施，产权分界点及电网侧工程由供电企业负责实施。

3. 外部工程施工

高压客户自主选择有相应资质的设计单位开展受电工程设计。

对于重要或特殊负荷客户，受电工程设计完成后，请及时提交设计文件，电力公司将在 3 天内完成审查；其他客户仅查验设计单位资质文件。

高压客户自主选择有相应资质的施工单位开展受电工程施工。

对于重要或特殊负荷客户，在电缆管沟、接地网等隐蔽工程覆盖前，请及时通知电力公司进行中间检查，电力公司将在 2 天内完成中间检查。

工程竣工后，客户及时报验，电力公司将在 3 天内完成竣工检验，大客户经理应及时将竣工验收结果告知或送交客户。

大客户经理接受客户竣工报验申请，实行普通客户设计、竣工报验资料一次性提交。将客户各环节需提供的资料清单在业务受理环节以客户告知书形式一次性告知，形成业务受理、竣工检验等各环节收资清单。

大客户经理组织竣工验收，相关部门参与竣工验收，在验收过程中实行验收标准化作业卡，验收分为资料验收与现场验收。资料验收主要审查设计、施工、试验单位资质，以及设备试验报告、保护定值调试报告和接地电阻测试报告；现场验收是以受电工程竣工检验单（附录3-7）为准，重点检查是否符合供电方案要求；以及是否存在影响电网安全运行的设备，包括与电网相连接的设备、自动化装置、电能计量装置、谐波治理装置和多电源闭锁装置等；重要电力客户还应检查自备应急电源配置情况，收集检查相关图像影视资料并归档。对客户内部非接网设备施工质量、运行规章制度、安全措施等竣工检验单以外的内容，可向客户提出，但不得影响其装表送电。

4. 装表接电

依据相关文件，电力公司对涉及双回路及以上供电的高压客户收取高可靠性供电服务费用，除此之外不收取其他任何费用。

对申请新装及增加用电容量的两回路及以上多回路供电（含备用电源、保安电源）客户，除供电容量最大一条的回路不收取高可靠性供电费用外，其余回路均收取高可靠性供电费用。对不增加容量只增加线路的情况，若原容量已收取高可靠性供电费用的，不再收取，否则，按相关规定收取高可靠性供电费用。

在竣工检验合格后，高压客户与电力公司签订高压供用电合同（附录3-8）及相关协议，包括调度中心组织签订的调度协议，同时在2天内完成装表接电。

装表工作人员应在电能计量装置安装完成后2个工作日内，将经双方签字确认的装表接电工作单（附录3-9）传递至业务受理员。

大客户经理负责与客户洽谈意向接电时间，并将意向接电时间推送供电单位至调控中心、运检部。运检部负责确定是否具备不停电作业条件并制定实施方案，调控中心负责组织相关部门协商确定停（送）电时间，供电单位营销部（客户服务中心）正式答复客户最终接电时间。

5. 归档

大客户经理对归档资料进行最后审核，核对档案资料，做到完整、正确，及时对高压客户的业务资料进行归档登记，归档资料应包括：

（1）客户用电申请书及附件。

（2）供电方案复函。

（3）设计审查登记表。

（4）设计审查结果通知单。

（5）中间检查登记表。

（6）中间检查结果通知单。

（7）竣工检验登记表。

（8）竣工验收单。

（9）工程缺陷整改通知单。

（10）高压供用电合同。

（11）装表工作单。

模块二 业 务 受 理

【模块描述】 本模块介绍业务受理的项目、受理方式、工作要求,通过学习,熟悉业务受理的基本内容及要求。

一、业务受理的项目

业务受理的项目包括新装、增容、变更用电和其他业务受理。

新装受理包括居民客户新装受理、低压非居民客户新装受理、高压客户新装受理、低压居民客户批量新装受理、临时用电受理。

《供电营业规则》(电力工业部令第 8 号)第十二条规定,对基建工地、农田水利、市政建设等非永久性用电,可供给临时电源。临时用电期限除经供电企业准许外,一般不得超过六个月,逾期不办理延期或永久性正式用电手续的,供电企业应终止供电。

使用临时电源的用户不得向外转供电,也不得转让给其他用户,供电企业也不受理其变更用电事宜。如需改为正式用电,应按新装用电办理。

因抢险救灾需要紧急供电时,供电企业应迅速组织力量,架设临时电源供电。架设临时电源所需的工程费用和应付的电费,由地方人民政府有关部门负责从救灾经费中拨付。

临时用电分为装表临时用电、无表临时用电。对于临时用电的期限,可以根据实际情况延长至 3~5 年,在到期前提出延期申请,或转变为正式用电。

增容受理包括居民客户增容受理、低压非居民客户增容受理、高压客户增容受理。

变更用电受理包括减容和减容恢复受理、暂停和暂停恢复受理、暂换和暂换恢复受理、迁址受理、移表受理、暂拆受理、复装受理、更名受理、过户受理、分户受理、并户受理、销户受理、改压受理、改类受理。

其他业务受理包括计量装置故障受理、电能表校验申请受理等。

二、业务受理方式

目前业务受理方式主要有三种。

(1)供电营业厅柜台受理:客户携带资料到供电营业厅办理有关申请,由工作人员受理的方式。供电营业厅是供电企业为客户办理用电业务需要而设置的固定或流动的服务场所。

(2)网络线上受理:客户登录国家电网有限公司 95598 智能互动网站(http://www.95598.cn/)或中国南方电网有限责任公司 95598 网上营业厅(http://95598.csg.cn/)、"网上国网"手机 APP、供电服务微信公众号等进行网络线上受理。

(3)电话或其他方式受理:客户通过 95598 客户服务电话或其他方式将有关信息传递给客户服务代表,由客户服务代表受理客户申请的方式。

三、业务受理的工作要求

供电企业对本供电营业区内具备供电条件的客户有按照国家规定提供供电电源的义务,不得违反国家规定对本供电营业区内的客户拒绝受理申请和拒绝供电。

为了更好地为客户服务,供电企业应在其供电营业厅内公告新装用电、增容用电业务的流程制度和收费标准,并由供电企业客户服务中心(或供电营业厅)统一受理客户新装、增容用电业务,做到"一口对外"。

（一）客户应提供的资料

不同的电力客户需要提供的用电申请资料会有所不同，高压客户提供的用电申请资料较多。

1. 低压居民客户新装用电申请应准备的资料

（1）用电人有效身份证明。

（2）用电地址权属证明。

（3）若受用电人委托办理业务，还需提供受委托人的有效身份证明。

（4）用电申请书。

2. 低压非居民客户新装用电申请应准备的资料

（1）用电人有效身份证明。

（2）用电地址权属证明。

（3）属于政府监管的项目应提供政府部门有关本项目立项的批复文件及复印件。

（4）若受用电人委托办理业务，还需提供用电人的授权办理书和受委托人的有效身份证明。

（5）负荷组成和用电设备清单。

（6）用电申请书。

3. 高压客户新装用电申请应准备的资料

（1）用电人有效身份证明：包括营业执照、组织机构代码等，应提供原件（副本）或加盖企事业单位公章的复印件。

（2）用电地址权属证明：包括房屋产权所有证（购房合同）或土地使用证、租赁协议（还需同时提供承租户房屋产权证明或土地使用证）、法院判决文书（须明确房屋或土地产权所有人）等，应提供原件或加盖企事业单位公章的复印件。

（3）电气设备清单（包含影响电能质量的用电设备清单）。

（4）企业、事业单位、社会团体等的用电申请由委托代理人办理时，需补充以下材料：

1）授权委托书或单位介绍信（原件）。

2）经办人有效身份证明复印件（如身份证、军人证、护照、户口簿或公安机关户籍证明等）。

（5）当地发展改革等政府部门关于项目立项的批复、核准、备案文件，或当地规划部门关于项目的建设工程规划许可证。

（6）煤矿客户需补充以下资料：

1）采矿许可证。

2）安全生产许可证。

（7）非煤矿山客户需补充以下资料：

1）采矿许可证。

2）安全生产许可证。

3）政府主管部门批准文件。

（8）学校、敬老院等涉及国家优待电价的客户，应提供当地教育部门、民政部门等政府有关部门核发的办学许可证、社会福利机构设置批准证书等资质证明。

（9）用电申请书。

（10）供电企业认为必须提供的其他资料。

4. 临时用电申请应准备的资料

临时用电应出具单位证明、立项证明、用电设备清单、用电需求、施工许可证及其他供电企业认为必须具备的资料。

（二）指导客户填写用电申请书

客户在填写申请表时必须保证填写信息和资料的准确性、真实性及有效性。业务受理人员应向客户说明，如果客户提供或填写的客户资料虚假或不详细，由此产生的任何损失将由客户自行负责。

用电申请书主要包括客户名称、用电地址、证件类别、证件号码、联系方式、申请容量、用电类别、办理业务类型等，见附录3-1。

（三）对客户提供的资料进行审查

用户申请用电，须经电力公司现场勘查，通过分析之后才能确定，主要从供电的可能性、必要性、合理性、现实性、客户的信用度等方面进行分析，如表3-1所示。

表3-1　　　　　　　　　　　　　　用电审查

供电必要性审查	申请是否必要
	双电源是否必要
供电合理性审查	用户提出的运行方式
供电可能性审查	可供能力
客户信用状况的审查	有无欠费情况

1. 供电的必要性审查

分析电网对客户供电的必要性，根据国民经济发展需要和确保重点、兼顾一般的原则，减少或推迟投资，实现少花钱多办事，使有限的财力、物力、人力和电能充分发挥作用。

（1）新装、增容客户的供电必要性审查：对新装客户，一般要分析其是否符合该时期国家的方针、政策，是否纳入规划或纳入当地（或国家）计划，分析其有无明确的时间要求或者是属于非用不可的客户，防止盲目建设或重复建设而造成不合理用电。对增容客户，要分析其增容是否已获得国家或地方政府认可，分析其所处地点的发展条件，分析其是属于一次性增容还是分期扩建、与原供电方案能否结合。如果客户新装、增容有必要，而又必须由电网予以供电，那么电网对客户供电的必要性才能确认。

（2）对申请双电源客户的供电必要性审查：对申请双电源的客户，要审查其是否确实需要双电源。

双电源是指两个独立的电源，形成一主一备电源。备用电源可分为生产备用电源和保安备用电源。

生产备用电源对供电可靠性要求比保安备用电源低，仅用于在主用供电设施出现故障或检修时，保证客户的部分或全部生产过程正常进行。

保安备用电源用于在正常电源出现故障的情况下，保证客户的部分运转设备不会因停电而发生事故。

客户是否需要双电源取决于客户的用电性质。根据对供电可靠性的要求不同，一般将电力负荷分为Ⅰ、Ⅱ、Ⅲ类。对于Ⅰ类负荷，应由两个或多个电源供电。对于Ⅱ类负荷，一般不批准用双电源。如果客户用电容量大，可以采用单电源双回路供电。

2. 供电的合理性审查

分析电网对客户供电的合理性。供电合理性分析是为了合理地使用电能，执行国家能源政策和改善当地的电能供应条件，通常是通过分析客户的工艺流程，审查其是否采用单耗小、效率高的新设备、新技术、新工艺；分析其用电容量及分布，审查其电气设备，特别是变压器台数、容量是否合理；分析其用电设备构成，审查其接线及无功补偿是否合理，并通过分析电网在客户附近的布局，审查客户要求的供电方式是否合理。

3. 供电的可能性审查

根据客户用电申请的用电类别、用电特点、近期和远期用电量、用电地点、供电距离等，分析供电网现有电源和供电设备容量能否满足供电要求。若一时满足不了对该客户供电所需的条件，则应考虑电网建设期能否与客户建设期相配合。

4. 对客户信用状况的审查

根据相关信用报告，对客户信用状况进行审查，主要包括客户是否有无欠费、不良行为记录等。

（四）服务要求

（1）树立"优质、方便、规范、真诚"的服务理念，遵守职业道德规范，执行企业规定。

（2）坚持"主动服务、一口对外、便捷高效、三不指定、办事公开"的原则。

1）"主动服务"原则，指强化市场竞争意识，前移办电服务窗口，由等待客户到营业厅办电，转变为客户经理上门服务，搭建服务平台，统筹调度资源，创新营销策略，制定个性化、多样化的套餐服务，争抢优质客户资源，巩固市场竞争优势。

报装接电服务执行"三个一"主动服务，即"一口对外""一证受理""一站式服务"。

"一口对外"，即统一由营销部门"一口对外"负责联系客户，协调内部资源，快速响应客户用电需求；履行一次性告知义务，客户首次咨询或办理业务时，向客户提供业务办理告知书，对客户应提交资料、办理流程和自主选择权进行一次性告知，避免客户跑冤枉路。

"一证受理"，即客户在出具用电主体资格证明并签署承诺书后即可正式受理申请，其他存档资料由经办人员在后续环节上门收取，提供办电预约上门服务。

"一站式服务"，即对低压客户执行客户经理负责制，客户递交报装申请后，受理的客户代表与客户进行联系，确认客户要求的现场服务时间，实行勘查装表"一岗制"作业。勘查装表人员于预约当日携带相关报装材料到达客户现场，现场收资，方案勘查，与客户签订相关协议。具备直接装表条件的当场装表接电，不具备直接装表条件的，勘查人员将施工信息传运检部门，于配套工程竣工当日装表接电。客户代表对服务全过程开展督办、协调、回访。

对高压客户执行大客户经理负责制，由大客户经理联系客户预约时间，组织联合勘查，制定供电方案，跟踪供电工程的立项、设计、设备供应、施工过程，组织客户受电工程的图纸审查、中间检查、竣工验收，与客户签订供用电合同，装表送电，负责对全过程督办、协调、回访。

2）"便捷高效"原则，指精简手续流程，推行"一证受理"和容量直接开放，实施流程

"串改并"，取消普通客户设计文件审查和中间检查；畅通"绿色通道"，与客户工程同步建设配套电网工程；拓展服务渠道，加快办电速度，逐步实现客户最多"只进一次门，只上一次网"，即可办理全部用电手续；深化业扩全流程信息公开与实时管控平台应用，实行全环节量化、全过程管控、全业务考核。

3) "三不指定"原则，按照统一标准规范提供办电服务，严禁以任何形式指定设计、施工和设备材料供应单位，切实保障客户的知情权和自主选择权。客户可以登录国家能源局电力监管局网站查询相关有资质的单位，营业厅也会对有资质的单位进行公示。

4) "办事公开"原则，指坚持信息公开透明，通过营业厅、"网上国网"手机 APP、95598 网站等渠道，公开业扩报装服务流程，工作规范，收费项目、标准及依据等内容；提供便捷的查询方式，方便客户查询设计、施工单位，业务办理进程，以及注意事项等信息，主动接受客户及社会监督。

（3）报装资料项目齐全，内容规范，及时归档，妥善保管，长期保存。

（4）从业务受理到接电，每个环节都应确保内容填写的完整和准确。

（5）从业务受理到接电，每个环节都有时限控制，有法律法规和公司规定的时限，必须按规定的时限办理。特殊情况不能在规定的时限办理的，应主动告知客户。

（6）客户办理变更用电要符合业务变更条件。

（7）需客户签章认可的工作单、合同（协议）的程序和手续符合法律、法规和政策规定。变更业务申请书和需要客户签章确认的业务工作单，经客户签章后方可生效。

（8）在业务办理过程中，工作人员应严格遵守国家电网有限公司供电服务"十项承诺"（附录 3-10）、国家电网有限公司员工服务"十个不准"（附录 3-11），不得出现"三指定"❶行为，不得接受客户的礼品、礼金、有价证券，不得接受客户组织的宴请等相关活动。

模块三 现场勘查、确定供电方案

【模块描述】 对于客户业扩报装，需要进行现场勘查、确定供电方案，本模块主要介绍现场勘查、供电方案的基本概念、供电方案的内容及供电方案的制定。通过学习，能够对客户进行现场勘查，确定供电方案。

一、现场勘查

根据与客户预约的时间，组织开展现场勘查。现场勘查前，应预先了解待勘查地点的现场供电条件。

现场勘查实行合并作业和联合勘查，推广应用移动作业终端，提高现场勘查效率。

低压客户实行勘查装表"一岗制"作业。具备直接装表条件的，在勘查确定供电方案后当场装表接电；不具备直接装表条件的，在现场勘查时答复客户供电方案，由勘查人员同步提供设计简图和施工要求，根据与客户约定的时间或配套电网工程竣工当日装表接电。

高压客户实行"联合勘查、一次办结"，营销部（客户服务中心）负责组织相关专业人员共同完成现场勘查。

---

❶ "三指定"就是指供电企业对用户受电工程指定设计单位、施工单位和设备材料供应单位的不良现象。"三指定"往往会导致用户受电工程造价虚高，损害电力用户的利益，严重影响了正常的供电市场秩序。

现场勘查应重点核实客户负荷性质、用电容量、用电类别等信息，结合现场供电条件，初步确定供电电源、计量、计费方案，并填写现场勘查单（见附录 3-5）。现场勘查主要内容包括：

（1）对申请新装、增容用电的居民客户，应核定用电容量，确认供电电压、用电相别、计量装置位置和接户线的路径、长度。

（2）对申请新装、增容用电的非居民客户，应审核客户的用电需求，确定新增用电容量、用电性质及负荷特性，初步确定供电电源、供电电压、供电容量、计量方案、计费方案等。

（3）对拟定的重要电力客户，应根据国家确定重要负荷等级有关规定，审核客户行业范围和负荷特性，并根据客户供电可靠性的要求及中断供电危害程度确定供电方式。

（4）对申请增容的客户，应核实客户名称、用电地址、电能表箱位、表位、表号、倍率等信息，检查电能计量装置和受电装置运行情况。

对现场不具备供电条件的，应在勘查意见中说明原因，并向客户做好解释工作。勘查人员发现客户现场存在违约用电、窃电嫌疑等异常情况，应做好记录，及时报相关责任部门处理，并暂缓办理该客户用电业务。在违约用电、窃电嫌疑排查处理完毕后，重新启动业扩报装流程。

二、供电方案的概念

结合现场勘查结果、电网规划、用电需求及当地供电条件等因素，经过技术经济比较、与客户协商一致后，拟定供电方案。

供电方案是电力供应的具体实施计划。供电方案要解决的问题有两个，即供多少和如何供。"供多少"是指受电容量是多少比较合适；"如何供"是指确定供电电压、选择供电电源、供电方式和计量方式等。

供电方案除了考虑线路和变压器负荷外，还应考虑已开放的负荷容量、负荷自然增长因素及地区供电能力。制定供电方案时应考虑以下原则：

（1）在工程投资经济合理的基础上，满足客户对供电安全可靠性的要求。

（2）客户受电端电压符合规定要求。

（3）考虑运行、检修维护方便，以及施工建设的可能性。

（4）考虑电网供电能力与电网规划相结合。

（5）考虑客户未来的发展。

（6）考虑特殊设备对电网的影响。

供电方案包含客户用电申请概况、接入系统方案、受电系统方案、计量计费方案、其他事项等 5 部分内容。

1. 客户用电申请概况

客户用电申请概况包括户名、用电地址、用电容量、行业分类、负荷特性及分级、保安负荷容量、电力用户重要性等级等。

2. 接入系统方案

接入系统方案包括各路供电电源的接入点、供电电压、频率、供电容量、电源进线敷设方式、技术要求、投资界面及产权分界点、分界点开关等接入工程主要设施或装置的核心技术要求。

3. 受电系统方案

受电系统方案包括用户电气主接线及运行方式、受电装置容量及电气参数配置要求，无功补偿配置、自备应急电源及非电性质保安措施配置要求，谐波治理、调度通信、继电保护及自动化装置要求；配电站房选址要求，以及变压器、进线柜、保护等一、二次主要设备或装置的核心技术要求。

4. 计量计费方案

计量计费方案包括计量点的设置、计量方式、用电信息采集终端安装方案、计量柜（箱）等计量装置的核心技术要求，以及用电类别、电价说明、功率因数考核办法、线路或变压器损耗分摊办法。

5. 其他事项

客户应按照规定交纳业务费用及收费依据，供电方案有效期，供用电双方的责任义务，特别是取消设计文件审查和中间检查后，用电人应履行的义务和承担的责任（包括自行组织设计、施工的注意事项，竣工验收的要求等内容），其他需说明的事宜及后续环节办理有关告知事项。

三、供电方案的制定

供电方案的制定主要包括四个方面：确定变压器容量、确定供电电压、确定供电方式、确定电能计量方式。

（一）确定变压器容量

变压器容量的确定可分为两种情况：

对于用电容量较小的城镇居民、市政照明负荷、中小型工商业和一些小型动力负荷，一般都以低压供电。在确定供电容量时，可根据负荷计算和负荷预测，或者以实际安装的用电设备提出的用电容量来确定变压器容量。

对于用电容量较大的客户，一般规定为容量在 100kW 及以上的客户，在确定用电变压器容量（即供电容量）时，首先审查客户负荷计算是否正确。在客户负荷确定之后，再根据应达到的功率因数，算出相应的视在功率，然后利用视在功率选择变压器容量。用电容量较大的客户，应考虑由两台或多台变压器供电，并实现办公生活负荷与生产负荷分开，尽量不使用一台变压器供电。

通常用于 10kV 配电的节能变压器容量等级有 100、125、160、200、250、315、400、500、630、800、1000、1250kVA 等。

用电负荷的计算一般可采用用电负荷密度法、年电量法或需用系数法。

1. 用电负荷密度法

用电负荷密度法是负荷计算和负荷预测的一种简单可行的方法。电力部门根据调查，分析国内大城市的用电水平，确定出负荷密度作为计算依据来选择变压器容量，如：

繁华商贸地区	$80\sim100W/m^2$
商贸、写字楼、金融、高级公寓混合用电	$60\sim80W/m^2$
住宅	$50W/m^2$
工业综合用电	$1000kW/km^2$
仓库	$15W/m^2$

2. 年电量法

如果客户提出用电申请时只知道生产规模（产品、产量），而不能提供用电设备具体数据，那么可按年电量法计算用电负荷。

年电量法又称单耗法，它根据客户生产的第 $1 \sim n$ 种产品的产量 M_1、$M_2 \cdots M_n$ 和相应产品的单位耗电量 A_{01}、$A_{02} \cdots A_{0n}$，求得年用电量 A，即

$$A = A_{01}M_1 + A_{02}M_2 + \cdots + A_{0n}M_n$$

然后利用年用电小时数 t，计算出用电负荷 P，即

$$P = A \div t$$

【例 3 - 1】　某地新建一座年产 10 000 吨水泥的小水泥厂，采用"干法"生产方式，要求县供电公司供电。已知"干法"生产水泥每吨耗电量为 95～120kWh，又知道该厂每年生产时间为 6000～6500h，要求达到的功率因数为 0.9。试计算其用电负荷并确定其变压器容量。

解：年用电量 $A = A_1M_1 = 120 \times 10\,000 = 1\,200\,000$（kWh）

用电负荷 $P = A \div t = 1\,200\,000 \div 6000 = 200$（kW）

考虑变压器经济运行，即用电负荷等于变压器额定容量的 70%～75%，故应选取的变压器容量为

$$200 \div 0.9 \div 0.75 \approx 296(\text{kVA})$$

所以，选择变压器容量为 315kVA。

3. 需用系数法

需用系数法是根据客户用电设备的额定容量和客户行业特点在实际负荷下的需用系数，求出计算负荷，然后根据国家规定客户应达到的功率因数，求出相应的视在功率，再利用视在功率选择变压器容量。

计算负荷的公式为

$$P_{js} = K_d P$$

式中　　P_{js}——计算负荷，kW；

　　　　K_d——需用系数；

　　　　P——用电设备的总容量，kW。

用电负荷视在功率的计算公式为

$$S = P_{js}/\cos\varphi$$

式中　　S——用电负荷的视在功率；

　　　　$\cos\varphi$——要求客户应达到的功率因数。

对于不同的行业、不同用电设备，用电需用系数各不相同，一般可通过查表得到，常用的几种工业用电设备的需用系数如表 3 - 2 所示。

表 3 - 2　　　　　　　　　　　　　　　　需求系数表

用电设备名称	电炉炼钢设备	转炉炼钢设备	电线电缆制造	机器制造设备	纺织机械	面粉加工机	榨油机
需用系数	1.0	0.65	0.40～0.65	0.20～0.50	0.55～0.75	0.70～1.0	0.40～0.70

得到用电负荷的视在功率后，就可根据视在功率选择变压器容量。在满足近期生产需要的前提下，变压器应保留合理的备用容量，以保证变压器安全经济运行，并为发展生产留有

余地，一般考虑用电负荷等于变压器额定容量的 $70\%\sim75\%$ 是比较合理的。

【例 3 - 2】 某电线电缆制造厂，其电缆机械用电设备总额定容量为 500kW，应达到的功率因数为 0.9，试确定客户变压器的容量。

解： 查表 3 - 1，知其需用系数为 0.5，所以

$$P_{js} = K_d P = 0.5 \times 500 = 250 (\text{kW})$$

又因为应达到的功率因数为 0.9，所以用电负荷的视在功率为

$$S = P_{js}/\cos\varphi = 250/0.9 \approx 278 (\text{kVA})$$

使变压器容量安全经济运行的容量为

$$278 \div 0.7 \approx 397 (\text{kVA})$$

所以应选取容量为 400kVA 的变压器。

（二）确定供电电压

从供用电的安全、经济出发，根据电网规划、用电性质、用电容量、供电距离等因素，进行经济技术比较后，与客户协商确定供电电压等级。

1. 供电电压等级

《供电营业规则》（电力工业部令第 8 号）第六条规定，供电企业供电的额定电压：低压供电——单相为 220V，三相为 380V；高压供电——10、35（63）、110、220kV。

除发电厂直配电压可采用 3kV 或 6kV 外，其他等级的电压应逐步过渡到上列额定电压。

用户需要的电压等级不在上列范围时，应自行采取变压措施解决。

用户需要的电压等级在 110kV 及以上时，其受电装置应作为终端变电站设计，方案需经省电网经营企业审批。

2. 供电电压的选择

从理论上讲，在输送功率和距离一定的条件下，电压越高，电网的电压损失、电能损失就越小。但是，电压越高，供用电设备及相应配套设施的费用就越高，所以必须根据具体情况来选择供电电压。

（1）单相 220V 供电应符合下列规定：

客户单相用电设备总容量不足 10kW 的可采用低压 220V 供电，在经济发达的省（自治区、直辖市）用电设备总容量可扩大到 16kW。

但有单台设备容量超过 1kW 的电焊机、换流设备时，客户必须采取有效的技术措施以消除对电能质量的影响，否则应改为其他方式供电。

对仅有单相用电设备的客户，报装容量超过上述规定时，就采用单相变压器供电。

零散居民、农民客户每户基本配置用电容量，应根据各地经济发展状况而定，其范围为 4～8kW。零散居民、农民客户每户基本配置用电容量，应根据各地经济发展状况而定，其范围为 4～8kW。

（2）三相 380V 供电应符合下列规定：

客户用电设备容量在 100kW 及以下或需用变压器容量在 50kVA 及以下者，可采用低压三相四线制供电。

在城区用电负荷密度较高的地区，经过技术经济比较，采用低压供电时的技术经济性明显优于采用高压供电时的，低压供电的容量可适当提高到 250～350kW。

（3）采用高压供电的客户应具备的条件：

客户用电设备总容量在 100～8000kVA 时（含 8000kVA），宜采用 10kV 供电。无 35kV 电压等级的地区，10kV 电压等级的供电容量可扩大到 15000kVA。

客户用电设备总容量在 5～40MVA 时，宜采用 35kV 供电。

客户用电设备总容量在 20～100MVA 时，宜采用 110kV 及以上电压等级供电。

客户用电设备总容量在 100MVA 及以上，宜采用 220kV 及以上电压等级供电。

10kV 及以上电压等级供电的客户，当单回路电源线路容量不满足负荷需求且附近无上一级电压等级供电时，可合理地增加供电回路线，采用多回路供电。

当客户用电设备总容量在 100kW 及以下或需用变压器容量在 50kVA 及以下，但有特殊要求时，也可采用高压供电：

1）对用电可靠性有特殊要求的客户，如通信、医院、广播、电视台、计算中心、机要用电等客户，其用电需用变压器容量虽不足 50kVA，也可以采用高压方式供电。

2）基建工地、市政施工用电等临时性用电，其用电容量小于 50kVA 者无低压供电条件，可以采用高压方式供电。

3）低压供电的用户如接用 X 光机、电焊机、整流器等用电设备，可以独立安装变压器供电。

4）对农村电力用户供电，由于负荷密度小，虽容量不足 50kVA，也可以采用高压方式供电。

5）供电半径超过本级电压规定时，可按高一级电压供电。

6）对用电容量较大的冲击负荷、不对称性负荷和非线性负荷等客户，应视其情况采用专线或提高电压等级供电。

通常，不同电压等级的输送容量和输送距离不同，电压等级越高，输送容量越大，输送距离也越远。

（三）确定供电方式

供电方式是指电网向申请用电的客户提供的电源特点、类型及其管理关系的统称。电力企业的工作人员根据用电地点、用电容量和批准的供电线路回路数，并经详细调查客户周围的地理条件、电源布局、电网供电能力和负荷等情况后，拟定供电方式，其主要内容包括确定供电电源、选择供电线路两部分。

1. 确定供电电源

通常按照就近供电的原则选择供电电源。供电距离近，电压降小，电压质量容易保证。

供电点是指用户受电装置接入供电网中的位置。对专线用户，接引专线的变电站或发电厂即为该用户的供电点；对一般高压用户，供电的高压线路即为该用户的供电点；对低压用户，接引低压线路的配电变压器，即为该用户的供电点。

常对客户只提供一个电源，即一个供电点。但对有重要负荷的重要客户，应根据客户要求、负荷重要性、用电容量和供电的可能性，提供双（多）电源供电。

为了确定负荷的重要性，一般将电力负荷分为 I、II、III 级。各类负荷对电源的要求不同，对于 I 级负荷应由两个或多个电源供电，并能自动切换；对于 II 级负荷，宜采用双回路供电，这样在检修线路时可起到一定的备用作用，负荷较小时，可采用一回路高压专线供电；对于 III 级负荷，采用单电源单回路供电。

按照国家能源局《印发〈关于加强重要电力用户供电电源及自备应急电源配置监督管理

的意见〉的通知》(电监安全〔2008〕43 号)，重要电力用户分为以下 4 类：

(1) 特级重要用户，是指在管理国家事务中具有特别重要作用，中断供电将可能危害国家安全的电力用户。

(2) 一级重要用户，是指中断供电将可能产生下列后果之一的：直接引发人身伤亡的；造成严重环境污染的；发生中毒、爆炸或火灾的；造成重大政治影响的；造成重大经济损失的；造成较大范围社会公共秩序严重混乱的。

(3) 二级重要用户，是指中断供电将可能产生下列后果之一的：造成较大环境污染的；造成较大政治影响的；造成较大经济损失的；造成一定范围社会公共秩序严重混乱的。

(4) 临时性重要电力用户，是指需要临时特殊供电保障的电力用户。

重要电力用户供电电源的配置至少应符合以下要求：

(1) 特级重要电力用户具备三路电源供电条件，其中的两路电源应当来自两个不同的变电站，当任何两路电源发生故障时，第三路电源能保证独立正常供电。

(2) 一级重要电力用户具备两路电源供电条件，两路电源应当来自两个不同的变电站，当一路电源发生故障时，另一路电源能保证独立正常供电。

(3) 二级重要电力用户具备双回路供电条件，供电电源可以来自同一个变电站的不同母线段。

(4) 临时性重要电力用户按照供电负荷重要性，在条件允许情况下，可以通过临时架线等方式具备双回路或两路以上电源供电条件。

(5) 重要电力用户供电电源的切换时间和切换方式要满足重要电力用户允许中断供电时间的要求。

电力企业向客户提供的电源通常是长期性的，对一些期限较短或非永久性的用电，如基建施工、抗旱打井等，可供给临时电源。

为了解决电网公用的输变电设施未达到地区的客户用电问题，电力企业可以委托已用电的客户向新申请用电的客户就近转供电。

《供电营业规则》(电力工业部令第 8 号)第十四条规定，用户不得自行转供电。在公用供电设施尚未到达的地区，供电企业征得该地区有供电能力的直供用户同意，可采用委托方式向其附近的用户转供电力，但不得委托重要的国防军工用户转供电。

委托转供电应遵守下列规定：

(1) 供电企业与委托转供户(简称转供户)应就转供范围、转供容量、转供期限、转供费用、转供用电指标、计量方式、电费计算、转供电设施建设、产权划分、运行维护、调度通信、违约责任等事项签订协议。

(2) 转供区域内的用户(简称被转供户)，视同供电企业的直供户，与直供户享有同样的用电权利，其一切用电事宜按直供户的规定办理。

(3) 向被转供户供电的公用线路与变压器的损耗电量应由供电企业负担，不得摊入被转供户用电量中。

(4) 在计算转供户电量、最大需量及功率因数调整电费时，应扣除被转供户、公用线路与变压器消耗的有功、无功电量。最大需量按下列规定折算：

1) 照明及一班制：每月用电量 180kWh，折合为 1kW。

2) 二班制：每月用电量 360kWh，折合为 1kW。

3）三班制：每月用电量 540kWh，折合为 1kW。

4）农业用电：每月用电量 270kWh，折合为 1kW。

（5）委托的费用，按委托的业务项目的多少，由双方协商确定。

2. 选择供电线路

根据客户的负荷性质、负荷大小和用电地点等选择供电线路及其架设方式。我国目前的情况，郊县以架空线为主，大城市以电缆线为主。在供电线路走向方面，应选择在正常运行方式下最短的供电距离，以防止发生近电远供或迂回供电的不合理现象。在导线截面积的选择上，一般可按经济电流密度进行选择，同时应注意，架空线的导线应采用符合国家电线产品技术标准的铝绞线。

（四）确定电能计量方式

电能计量装置包括计费电能表（有功电能表、无功电能表、最大需量表）、电压互感器、电流互感器、二次连接线及计量箱柜等。

电能计量方式包括三种：低供低计、高供高计、高供低计。

低供低计是指低压供电、低压计量的方式；高供高计是对于高压供电用户，供电企业的电能计量装置安装在其受电变压器高压侧的方式；高供低计是指对于高压供电用户，供电企业的电能计量装置安装在其受电变压器低压侧的方式。

对从供电企业变电站（或开关站）出专用线路供电的用户，原则上应在供电企业变电站（或开关站）出线处安装电能计量装置。其他形式的 10kV 及以上专线高压供电用户和 315kVA 及以上的专用变压器用户应采用高压计量方式。

电能计量装置原则上应装在供电设施的产权分界处。当电能计量装置不安装在产权分界处时，线路与变压器损耗的有功与无功电量均需由产权所有者承担。当计量方式为高供低计时，在计算电量和电费时，应加上变压器的损耗电量。

《供电营业规则》（电力工业部令第 8 号）第四十七条规定，供电设施的运行维护管理范围，按产权归属确定。责任分界点按下列各项确定：

（1）公用低压线路供电的，以供电接户线用户端最后支持物为分界点，支持物属供电企业。

（2）10kV 及以下公用高压线路供电的，以用户厂界外或配电室前的第一断路器或第一支持物为分界点，第一断路器或第一支持物属供电企业。

（3）35kV 及以上公用高压线路供电的，以用户厂界外或用户变电站外第一基电杆为分界点。第一基电杆属供电企业。

（4）采用电缆供电的，本着便于维护管理的原则，分界点由供电企业与用户协商确定。

（5）产权属于用户且由用户运行维护的线路，以公用线路分支杆或专用线路接引的公用变电站外第一基电杆为分界点，专用线路第一基电杆属用户。

《供电营业规则》（电力工业部令第 8 号）第七十条规定，供电企业应在用户每一个受电点内按不同电价类别，分别安装用电计量装置。每个受电点作为用户的一个计费单位。

用户为满足内部核算的需要，可自行在其内部装设高考核能耗用的电能表，但该表所示读数不得作为供电企业计费依据。

《供电营业规则》（电力工业部令第 8 号）第七十一条规定，在用户受电点内难以按电价类别分别装设用电计量装置时，可装设总的用电计量装置，然后按其不同电价类别的用电设备容量的比例或实际可能的用电量，确定不同电价类别用电量的比例或定量进行分算，分别计价。供电企业每年至少对上述比例或定量核定一次，用户不得拒绝。

用户采用总分表关系的，原则上应将容量最大的计量点作为总表。高压用户每一个受电点内总分表关系实表不得超过两层，低压用户只能有一层实表。

凡实行功率因数调整电费的用户，应装设带有防倒装置的无功电能表。凡装有无功补偿设备且有可能向电网倒送无功电量的用户，供电企业应加装带有防倒装置的反向无功电能表或双向电能表。凡实行功率因数调整电费的被转供用户，属于高压供电的，应对被转供户安装高压总有功电能表、无功电能表。凡总分表计量的用户，子表单独计算功率因数调整电费的应安装无功电能表。平行表也需加装无功电能表。凡需要计算变损的用户，其总表都应装设无功电能表。

为了实现自动抄表，通常需要安装用电信息采集终端，终端安装于贸易结算电能表安装处，分别用于电量数据采集与远程监控、互感器二次回路运行状态监测。电能计量装置、用电信息采集设备安装方案等按照电能计量装置通用设计标准及相关规程进行设计和施工。

四、供电方案的答复

由供电企业的营销部门组织生产技术、计划、调度等部门在规定时限内完成相关的审查工作，并确定供电方案，同时以书面方式通知答复客户。

根据客户供电电压等级和重要性分级，取消供电方案分级审批，实行直接开放、网上会签或集中会审，并由营销部门统一答复客户。

（一）供电方案的答复期限

《供电营业规则》（电力工业部令第8号）第十九条规定，供电方案确定并以书面通知答复客户的期限为：居民用户最长不超过五天；低压电力用户最长不超过十天；高压单电源用户最长不超过一个月；高压双电源用户最长不超过二个月。

国家电网有限公司供电服务"十项承诺"（附录3-10）规定，高压客户供电方案答复期限：单电源供电15个工作日，双电源供电30个工作日。

《国家电网有限公司业扩报装管理规则》（2017年）规定，供电方案答复期限：在受理申请后，低压客户在次工作日完成现场勘查并答复供电方案；10kV单电源客户不超过14个工作日；10kV双电源客户不超过29个工作日；35kV及以上单电源客户不超过15个工作日；35kV及以上双电源客户不超过30个工作日。

每个省电力公司对供电方案的答复期限要求各有不同，为了提高工作效率，其答复期限都比上述期限更短一些。

当不能如期确定供电方案时，供电企业应向客户说明原因。客户对供电企业答复的供电方案有不同意见时，应在一个月内提出意见，双方可再行协商确定。客户在一个月内未提出意见的，可视为同意该供电方案。

客户供电方案的答复归口到各级营销部门，供电方案审批后，电力营销部门将审批意见以供电方案答复单（附录3-12）的形式书面传递给客户。

供电方案答复单包括供电容量及范围、供电方式、计量计费、产权分界点、应急电源配置等内容。

客户应根据确定的供电方案进行受电工程设计、施工。

（二）供电方案有效期

为了防止客户无限期占用电网供电能力而不能发挥其应有的经济效益的现象发生，电力营销部门在确定对客户的供电方案并以书面通知客户时，应注明供电方案的有效期，以引起客户的重视。

供电方案有效期是指从供电方案正式通知书发出之日起至受电工程开工日为止。

根据《供电营业规则》（电力工业部令第 8 号）第二十一条规定，高压供电方案的有效期为一年，低压供电方案的有效期为三个月，逾期注销。用户如遇特殊情况，需延长供电方案有效期，应在有效期到期前十天向供电企业提出申请，供电企业应视情况予以办理延期手续。但延长时间不得超过前款规定期限。

若需变更供电方案，应履行相关审查程序，其中，对于客户需求变化造成供电方案变更的，应书面告知客户重新办理用电申请手续；对于电网原因造成供电方案变更的，应与客户沟通协商，重新确定供电方案后答复客户。

模块四　业扩工程管理

【模块描述】　本模块介绍业扩工程的基本概念、受电工程的设计管理、施工及中间检查、竣工验收及装表接电。通过学习，掌握业扩工程的基本概念，熟悉受电工程的设计审查、中间检查与竣工验收等内容，了解装表接电工作要求。

一、业扩工程的基本概念

业扩工程指由客户申请用电而引起的客户全部或部分投资建设的电力工程。业扩工程包括工程设计、设计审查、设备购置、工程施工、中间检查、竣工验收等几个环节。

业扩工程按电力系统管辖权限可分为供电工程和受电工程。供电工程也称为客户外部工程，是因客户办理新装、增容、变更用电而引起的属于供电企业产权的电力工程，一般由电力企业承担。受电工程也称为客户内部工程，是指因客户办理新装、增容、变更用电而引起的属于客户产权的电力工程，它的设计、施工一般由客户委托有相应资质的单位承担。

二、受电工程的设计管理

（一）受电工程设计的依据

设计单位对受电工程设计应依据国家和电力行业的有关标准、规程进行，同时应按照当地供电部门确定的供电方案来选择电源、架设线路、设计变配电设备等。

具体的标准、规程主要有：

GB/T 15544（所有部分）《三相交流系统短路电流计算》

GB 26859—2011《电力安全工作规程　电力线路部分》

GB 26860—2011《电力安全工作规程　发电厂和变电站电气部分》

GB 50059—2011《35kV～110kV 变电站设计规范》

GB/T 50062—2008《电力装置的继电保护和自动装置设计规范》

GB/T 50065—2011《交流电气装置的接地设计规范》

GB 50229—2019《火力发电厂与变电站设计防火标准》

GB/T 50703—2011《电力系统安全自动装置设计规范》

DL/T 448—2016《电能计量装置技术管理规程》

DL/T 601—1996《架空绝缘配电线路设计技术规程》

DL/T 620—1997《交流电气装置的过电压保护和绝缘配合》

DL/T 5044—2014《电力工程直流电源系统设计技术规程》

DL/T 5136—2012《火力发电厂、变电站二次接线设计技术规程》

DL/T 5220—2021《10kV 及以下架空配电线路设计规范》

DL/T 5352—2018《高压配电装置设计规范》

（二）受电工程设计资料的审查

为了降低"获得电力"成本，电力公司取消普通客户的设计审查和中间检查，实行设计单位资质、施工图纸与竣工资料合并报验，普通客户自主选择产权范围内工程的设计单位、施工单位（需具备相应资质）进行工程设计、施工，工程竣工后及时报验。

对于重要或者有特殊负荷（高次谐波、冲击性负荷、波动负荷、非对称性负荷等）的客户，开展设计文件审查和中间检查。

受理客户设计文件审查申请时，应查验设计单位资质等级证书复印件和设计图纸及说明（设计单位盖章），重点审核设计单位资质是否符合国家相关规定。如资料欠缺或不完整，应告知客户补充完善。

1. 受电工程设计单位资质的审查

受电工程的设计单位必须具备电力行业的相应设计资质，电力行业设计资质划分如下。

（1）甲级：承担电力行业建设工程项目的主体工程及其配套工程的设计业务，其规模不受限制。

（2）乙级：承担电力行业中小型建设工程项目的主体工程及其配套工程的设计业务，例如 220kV 及以下的送变电工程。

（3）丙级：承担电力行业小型建设工程项目的工程设计业务。

2. 设计单位应提供的资料

大客户经理接受重要客户设计审查申请，组织生产技术部门、发展规划部门、调控中心、运检部和营销部等进行设计审查，包括设计单位资质是否符合要求、是否符合安全规定等，应一次性提出审查意见，由电力营销部门以书面形式通知客户，客户据此进行设计修改或进行施工。

供电企业对客户受电工程的设计进行审核时，重要客户应提供的设计资料有：

（1）受电工程设计及说明。

（2）用电负荷分布图。

（3）负荷组成、性质及保安负荷。

（4）影响电能质量的用电设备清单。

（5）主要电气设备一览表。

（6）主要生产设备、生产工艺耗电及允许中断供电时间。

（7）受电装置一、二次接线图与平面布置图。

（8）用电功率因数计算及无功补偿方式。

（9）继电保护、过电压保护及电能计量的方式。

（10）隐蔽工程设计资料。

（11）低压配电网络布置图。

(12) 自备电源及接线方式。

(13) 其他资料。

供电企业严格按照国家、行业技术标准及供电方案要求，开展重要或特殊负荷客户设计文件审查，审查意见应一次性书面答复客户，设计图纸审核结果通知单见附录 3-13。主要包括：

(1) 主要电气设备技术参数、主接线方式、运行方式、线缆规格应满足供电方案要求；通信、继电保护及自动化装置设置应符合有关规程；电能计量和用电信息采集装置的配置应符合《电能计量装置技术管理规程》(国家能源局〔2017〕3 号)、智能电能表以及用电信息采集系统相关技术标准。

(2) 对于重要客户，还应审查供电电源配置、自备应急电源及非电性质保安措施等，应满足有关规程、规定的要求。

(3) 对具有非线性阻抗用电设备(高次谐波、冲击性负荷、波动负荷、非对称性负荷等)的特殊负荷客户，还应审核谐波负序治理装置及预留空间，电能质量监测装置是否满足有关规程、规定要求。

3. 设计资料审核时限

《供电营业规则》(电力工业部令第 8 号)第四十条规定，供电企业对用户送审的受电工程设计文件和有关资料，应根据本规则的有关规定进行审核。审核的时间，对高压供电的用户最长不超过一个月；对低压供电的用户最长不超过十天。供电企业对用户的受电工程设计文件和有关资料的审核意见应以书面形式连同审核过的一份受电工程设计文件和有关资料一并退还用户，以便用户据以施工。用户若更改审核后的设计文件时，应将变更后的设计再送供电企业复核。用户受电工程的设计文件，未经供电企业审核同意，用户不得据以施工，否则，供电企业将不予检验和接电。

《国家电网有限公司业扩报装管理规则》(2017 年)中明确规定，设计图纸审查期限，自受理之日起，高压客户不超过 5 个工作日。

每个省电力公司依据自身实际情况，对设计资料审核时限的要求更短一些。

三、受电工程的施工及中间检查

(一) 工程施工

业扩工程施工的单位必须具有相应的施工资质，还必须取得承装(修、试)电力设施许可证。

(1) 电力施工总承包企业资质分为特级、一级、二级、三级。各级电力工程施工总承包企业资质可承担业务的范围如下：

1) 取得特级资质的企业：可以承担各类火电厂、风力电站、太阳能电站、核电站及辅助生产设施，各种电压等级的送电线路和变电站整体工程施工总承包。

2) 取得一级资质的企业：可以承担单项合同额不超过企业注册资本金 5 倍的各类火电厂、风力电站、太阳能电站、核电站及辅助生产设施，各种电压等级的送电线路和变电站整体工程施工总承包。

3) 取得二级资质的企业：可以承担单项合同额不超过企业注册资本金 5 倍的单机容量 20 万 kW 及以下的机组整体工程、220kV 及以下送电线路及相同电压等级的变电站整体工程施工总承包。

　　4）取得三级资质的企业：可以承担单项合同额不超过企业注册资本金 5 倍的单机容量 10 万 kW 及以下的机组整体工程、110kV 及以下送电线路及相同电压等级的变电站整体工程施工总承包。

　　（2）承装（修、试）电力设施许可证分为一级、二级、三级、四级和五级。各许可证可以从事施工业务的范围如下：

　　1）取得一级承装（修、试）电力设施许可证的，可以从事所有电压等级电力设施的安装、维修或者试验业务。

　　2）取得二级承装（修、试）电力设施许可证的，可以从事 220kV 及以下电压等级电力设施的安装、维修或者试验业务。

　　3）取得三级承装（修、试）电力设施许可证的，可以从事 110kV 及以下电压等级电力设施的安装、维修或者试验业务。

　　4）取得四级承装（修、试）电力设施许可证的，可以从事 35kV 及以下电压等级电力设施的安装、维修或者试验业务。

　　5）取得五级承装（修、试）电力设施许可证的，可以从事 10kV 及以下电压等级电力设施的安装、维修或者试验业务。

　　（二）中间检查

　　1. 中间检查的概念

　　中间检查就是在工程施工过程中，按照原批准的设计文件，对客户变电站的电气设备、变压器容量、继电保护、防雷设施、接地装置等方面进行全面的检查。

　　2. 中间检查的目的

　　及时发现不符合设计要求与不符合施工工艺要求的问题，提出改进意见，争取在完工前进行改正，以避免在完工后再进行大量的返工。

　　3. 中间检查的要求

　　（1）对于有隐蔽工程的项目，应该在隐蔽工程完工前去现场检查，合格后方能封闭，再进行下道工序。

　　（2）对现场施工未实施中间检查的隐蔽工程，电力企业有权对竣工的隐蔽工程提出返工暴露，并按要求督促整改。

　　（3）中间检查应及时发现不符合设计要求与不符合验收规范的问题并提出整改意见，以便在完工前进行处理，避免返工。

　　4. 中间检查的主要内容

　　（1）客户填写受电工程中间检查报验单，供电企业受理客户中间检查报验申请后，及时组织开展中间检查。检查结束后应填写受电工程中间检查结果通知单（附录 3-14），一次性书面通知客户整改。复验合格后方可继续施工。

　　（2）将受电工程中间检查报验单和受电工程中间检查结果通知单存档。

　　（3）检查范围：工程建设是否符合设计要求；工程施工工艺、材料、设备选型是否符合规范；技术文件是否齐全；安全措施是否符合规范及现行的安全技术规程的规定；对于电气距离小于规定的安全净距的设备，是否采取了相应的安全措施等。

　　（4）检查项目：电缆沟和隧道，电缆直埋敷设工程，变压器、断路器等电气设备特性试验等。

5. 中间检查的期限规定

《国家电网有限公司业扩报装管理规则》（2017年）中明确规定，中间检查的期限，自接到客户申请之日起，高压供电客户不超过3个工作日。

每个省电力公司依据自身实际情况，对中间检查的期限要求更短一些。

四、受电工程的竣工验收

（一）受电工程的竣工报检

受电工程竣工后，应由客户及施工单位准备报检资料，同时向供电企业申请竣工验收。供电企业根据业扩工程设计图纸、供电部门批复的供电方案及国家和电力行业的有关标准、规范进行竣工验收。

客户及施工单位应提交下列技术文件：

（1）竣工验收申请书。

（2）设计、施工、试验单位资质证书复印件。

（3）工程竣工图及说明。

（4）电气试验及保护整定调试记录，主要设备的试验报告。

（5）变更设计说明。

（6）隐蔽工程的施工及实验记录。

（7）电气工程监理报告和质量监督报告。

（8）安全用具的实验报告。

（9）运行管理的有关规定和制度。

（10）电气值班人员名单及资格证。

（11）供电企业认为必要的其他资料。

（二）受电工程竣工验收的主要内容

客户受电工程竣工检验申请由电力营销部门受理，并按分级管理规定进行内部工作传递。在报检资料审核无误后，由大客户经理组织生产技术、电能计量、调控中心、营销等相关部门参加工程竣工检验。

竣工检验分为资料审验与现场检验。

1. 资料审验

主要审查设计、施工、试验单位资质，设备试验报告、保护定值调试报告和接地电阻测试报告。

在受理客户竣工报验申请时，应审核客户提交的材料是否齐全有效，主要包括：

（1）高压客户竣工报验申请表。

（2）设计、施工、试验单位资质证书复印件。

（3）工程竣工图及说明。

（4）电气试验及保护整定调试记录，主要设备的型式试验报告。

2. 现场检验

与客户预约检验时间，组织开展竣工检验。按照国家、行业标准、规程和客户竣工报验资料，对受电工程涉网部分进行全面检验。对于发现缺陷的，应以受电工程竣工检验单（附录3-7）的形式，一次性告知客户，大客户经理应及时将竣工检验结果传递给客户，复验合格后方可接电。查验内容包括：

（1）电源接入方式、受电容量、电气主接线、运行方式、无功补偿、自备电源、计量配置、保护配置等是否符合供电方案。

（2）电气设备是否符合国家的政策法规及国家、行业的技术标准，是否存在使用国家明令禁止的电气产品。

（3）试验项目是否齐全、结论是否合格。

（4）计量装置配置和接线是否符合计量规程要求，用电信息采集及负荷控制装置是否配置齐全，是否符合技术规范要求。

（5）冲击负荷、非对称负荷及谐波源设备是否采取有效的治理措施。

（6）双（多）路电源闭锁装置是否可靠，自备电源管理是否完善、单独接地、投切装置是否符合要求。

（7）重要电力用户保安电源容量、切换时间是否满足保安负荷用电需求，非电保安措施及应急预案是否完整有效。

（8）供电企业认为必要的其他资料或记录。

对客户内部非接网设备施工质量、运行规章制度、安全措施等存在的问题，可向客户提出，但不得影响竣工检验结果。

竣工检验合格后，应根据现场情况最终核定计费方案和计量方案，记录资产的产权归属信息，告知客户检查结果，并及时办结受电装置接入系统运行的相关手续。

竣工验收时，应收集客户受电工程的技术资料及相关记录以备归档。

技术资料包括：

（1）客户受电变压器的详细参数、安装信息。

（2）竣工资料。母线耐压试验记录、户外负荷开关试验单、竣工图纸、变压器试验单、电缆试验报告、电容器试验报告、避雷器试验报告、接地电阻测试记录、户内负荷开关试验单、保护定值调试报告、计量装置实验单等各类设备实验报告和保护装置试验报告。

（3）安全设施：安全器具、消防器材、通信设备配备情况、运行规章制度记录。

（4）缺陷记录、整改通知记录。

业扩中的供电工程应由供电企业内部组织验收，供电工程技术质量必须满足受电工程要求。

《国家电网有限公司业扩报装管理规则》（2017 年）规定，竣工检验的期限，自受理之日起，高压客户不超过 5 个工作日。

每个省电力公司对竣工验收的时间要求更短一些，从而提高工作效率，提高服务质量。

五、装表接电

装表接电是供电企业将申请用电者的受电装置接入供电网的行为。接电后，客户合上自己的电源开关，就可开始用电，这是业扩报装工作中的重要工作环节。一般安装电能计量装置与接电同时进行，所以又称为装表接电。在装表接电前，供用电双方必须签订供用电合同。

电能计量装置和用电信息采集终端的安装应与客户受电工程施工同步进行，送电前完成。

现场安装前，应根据供电方案、设计文件确认安装条件，并提前与客户预约装表时间。

采集终端、电能计量装置安装结束后，应核对装置编号、电能表起度及变比等重要信息，及时加装封印，记录现场安装信息、计量印证使用信息，请客户签字确认。

1. 接电前应具备的条件

（1）新建的供电工程已经验收合格。

（2）启动送电方案已经审定。

（3）客户受电工程已竣工验收合格。

（4）供用电合同及相关协议均已经签订。

（5）相关业务费用已经结清。

（6）电能计量装置已安装检验合格。

（7）继电保护调试完毕，闭锁装置调试合格。

（8）电气设备全部经过交接试验并合格。

（9）客户电气工作人员具备相关资质。

（10）客户安全措施已齐备，各种安全工具和携带型电气仪表、消防设施、通信设施及各项记录、图表、规程运行规章制度齐全。

在上述条件具备的基础上，送电前，供电企业内部还必须履行会签手续，经各部门会签同意后，客户的电气设备方可投入运行。设备投运前，电能计量运行管理部门应再次根据变压器容量核对计量用互感器的变比和极性是否正确，以免发生计量差错。检查人员应对客户变电站（配电室）内全部电气设备再做一次外观检查，通知客户拆除一切临时电源，对二次回路进行联动实验。

装表接电工作人员应在电能计量装置安装完成后 2 个工作日内，将经客户和装表接电工作人员双方签字确认的装表接电工作单（附录 3-9）传递至大客户经理。

装表接电工作单位应准确提供以下信息：

（1）客户信息：包括客户编号、客户名称、地址、联系人、联系电话。

（2）计量信息：包括计量点名称、计量器具条形码、型号、起/止码、精度、变比、倍率等。

（3）计量装置加封记录：包括封印位置、封印（锁）号、数量等。

（4）实际装表时间、装表人员签字、封表人员签字、客户签字等。

计量用表计安装完毕后，即可与电力营销部门联系，将变电站（配电室）投入运行。

在客户工程竣工检验合格并办理相关手续后，包括供用电合同签订、调度协议签订等，大客户经理组织营销部、运检部、调控中心等相关部门在规定的送电时限内完成送电工作。对实行一证受理的客户，在送电前应核实相关资料是否收齐，未收齐前不得送电。

接电后，应检查采集终端、电能计量装置运行是否正常，会同客户现场抄录电能表示数，记录送电时间、变压器启用时间等相关信息，依据现场实际情况填写新装（增容）送电单，并请客户签字确认。双（多）电源供电客户送电后，必须对各路电源进行定相。

2. 装表接电的期限

受电装置验收合格并办结相关手续后，由供电企业业扩管理部门组织接电。

国家电网有限公司供电服务"十项承诺"（附录 3-10）规定，高压客户装表接电期限为受电工程检验合格并办结相关手续后 5 个工作日。

根据《国家电网有限公司业扩报装管理规则》（2017 年），装表接电的期限规定如下：

（1）对于无配套电网工程的低压居民客户，在正式受理用电申请后，2 个工作日内完成装表接电工作；对于有配套电网工程的低压居民客户，在工程完工当日装表接电。

（2）对于无配套电网工程的低压非居民客户，在正式受理用电申请后，3 个工作日内完成装表接电工作；对于有配套电网工程的低压非居民客户，在工程完工当日装表接电。

（3）对于高压客户，在竣工验收合格，签订供用电合同，并办结相关手续后，5 个工作日内完成送电工作。

（4）对于有特殊要求的客户，按照与客户约定的时间装表接电。

为了实现国家能源局对用电报装各环节压缩时间的目标，每个省电力公司大幅压缩服务时限，提高工作效率。

模块五　供用电合同的签订与管理

【模块描述】　本模块介绍供用电合同的基本概念、主要内容、日常管理等，通过学习，熟悉供用电合同的签订与管理。

一、供用电合同的基本概念

合同是国家制定的一项法律制度，它的含义就是签约双方就某一产品的交换或某项任务的完成协商一致、共同合作、共同遵守的意思，签约双方必须是具有法人资格的单位。

供用电合同是经济合同的一种，是电力企业与用户之间就电能供应、电费、合理用电等事宜，按照《中华人民共和国经济合同法》的规定、商品交换原则及电能销售特点，并根据国家有关政策和上级有关规定，经过协商建立供用电关系的一种形式。供用电双方联系密切，所以在装表接电之前，签订供用电合同明确双方的权利、义务和经济责任十分必要。

供用电合同是供电人向用电人供电，用电人支付电费的合同。

签订供用电合同的目的有：

（1）保护合同当事人的合法权益。

（2）明确双方的责任。

（3）维护正常供用电秩序。

（4）提高电能使用效果等。

供用电合同具有法律效力，因此，签约双方必须严肃认真对待，签订供用电合同的基本要求如下。

1. 合法

签约双方必须具有合法资格，是具有法人资格的单位。同时，签约双方权利与义务的内容要合法，要按国家及省一级电力管理单位的有关规定执行，不能损害集体或公民的正当权益，并且在手续上要合法，签约双方应签字盖章后确认。

2. 合理

合同条款中的权利、义务应该均等，不应有使一方受益而损害另一方的不公正情况。

3. 明确

签订双方当事人表达的意思要与合同文本的内容、含义相一致，概念明确，防止出现双方自我解释的可能。

4. 完备

合同要对各个环节有关的权利、义务做全面严格的规定，基本条款一定要完备并力求详尽。

二、供用电合同的主要内容

供用电合同的主要内容包括供电的方式、质量、时间，用电容量、地址、性质，计量方式，电价、电费的结算方式，供用电设施的维护责任等。

（一）签订依据

签订依据主要是指签订合同的基本依据，包括《中华人民共和国合同法》《中华人民共和国电力法》《电力监管条例》《电力供应与使用条例》《供电监管办法》《供电营业规则》等有关法律、法规、行政规章及国家和电力行业相关标准。

（二）供用电基本情况

供用电基本情况包括用电地址、用电性质、用电容量、供电方式、自备应急电源及非电保安措施、无功补偿及功率因数、产权分界点及责任划分、用电计量、电量的抄录和计算、计量失准及异议处理规则、电价、电费、电费支付及结算等。

1. 用电地址

用电地址是指用电场所的地理位置及具体用电地点。用电地址是供用电合同的履行地点，同时也关系到供用电合同纠纷产生时人民法院的管辖权问题。

2. 用电性质

用电性质包括行业分类、用电分类、负荷特性、负荷等级等。

行业分类：是指从事国民经济中同性质的生产或其他经济社会的经营单位或者个体的组织结构体系的详细划分，即国民经济行业分类，参照国家标准 GB/T 4754—2017《国民经济行业分类》，主要包括农、林、牧、渔业，采矿业，制造业，电力、热力、燃气及水生产和供应业，建筑业，批发和零售业，交通运输、仓储和邮政业，住宿和餐饮业，信息传输、软件和信息技术服务业，金融业，房地产业，租赁和商务服务业，科学研究和技术服务业，水利、环境和公共设施管理业，居民服务、修理和其他服务业，教育，卫生和社会工作，文化、体育和娱乐业，公共管理、社会保障和社会组织，国际组织。

用电分类：按照用电类别不同，我国现行销售电价分为居民生活用电电价、农业生产电价（含农业排灌）、一般工商业及其他电价（包括非居民、商业、非工业、普通工业）、大工业用电电价。用电类别不同，电价也不同。

负荷特性包括负荷性质、负荷时间特性。负荷性质分为一般负荷、重要负荷。负荷时间特性分为一班制、二班制、三班制。

按用户对其供电连续性和供电可靠性程度要求的不同，一般将电力负荷分为三级：一级负荷、二级负荷、三级负荷。

3. 用电容量

用电容量是指用电人申请，并经供电人核准使用电力的最大功率或视在功率，包括受电变压器和高压电动机的容量、台数。如果有多台变压器，明确变压器的运行方式、备用状态等。

受电变压器包括投入运行的变压器、热备用变压器或未加封的冷备用变压器及不通过专用变压器直接接入的高压电动机。

热备用变压器是指变压器处于备用状态，其断路器和相关接地开关断开，两侧隔离开关处于接通位置，用户可自行合闸送电的变压器。

冷备用变压器是指变压器处于备用状态，其断路器、两侧隔离开关和相关接地开关处于断开位置的变压器。

4. 供电方式

通常情况下，供电企业可提供的供电方式有以下几种，供用电合同双方当事人应当在供用电合同中作出明确的规定：

(1) 按电压等级分，有高压供电方式、低压供电方式。

(2) 按电源相数分，有单相供电方式、三相供电方式。

(3) 按电源数量分，有单电源、双电源、多电源。

(4) 按供电回路数分，有单回路、双回路、多回路。

(5) 按用电期限分，有临时供电方式、正式供电方式。

(6) 按管理关系分，有直接供电方式和间接供电方式（如转供电方式）等。

供电方式的确定应便于管理，保证供用电的安全、经济、合理，依据国家有关规定，针对用电性质、容量、地址、供电企业的供电条件等与用户协商确定。通常情况下，供电方式的确定以受电点、供电的电压等级和电源方式最为重要，是供用电合同不可缺少的条款。

受电点是用电人受电装置所处的位置。为接受供电网供给的电力，并能对电力进行有效变换、分配和控制的电气设备，如高压用户的一次变电站（所）或变压器台、开关站，低压用户的配电室、配电屏等，都可称为用电人的受电装置。同一受电装置不论有几个回路或几个电源供电，都视为一个受电点。

电源性质分为主供电源、冷备用、热备用。冷备用是指需经供电人许可或启封，经操作后可接入电网的设备。热备用是指不需经供电人许可，一经操作即可接入电网的设备。

供电线路分为架空线、电缆；电源联络方式分为高压联络、低压联络；电源闭锁方式分为机械闭锁、电气闭锁。

5. 自备应急电源及非电保安措施

自备应急电源包括自备发电机、不间断电源（UPS/EPS）等。

保安负荷是指重要电力用户用电设备中需要保证连续供电和不发生事故，具有特殊的用电时间、使用场合、目的和允许停电的时间等构成的重要电力负荷，用于保障用电场所人身和财产安全。

6. 无功补偿及功率因数

主要包括用电人无功补偿装置总容量、功率因数考核值。

7. 产权分界点及责任划分

供用电设施产权分界点以文字和供电接线及产权分界示意图表述，如二者不一致，以本条文字描述为准。

分界点电源侧产权属供电人，分界点负荷侧产权属用电人。双方各自承担其产权范围内供用电设施的运行维护管理责任，并承担各自产权范围内供用电设施上发生事故等引起的法律责任。

8. 用电计量

用电计量包括计量装置安装位置、计量方式、计量装置信息等。

计量方式分为低供低计、高供高计、高供低计。

计量装置信息包括计量装置名称、倍率、精度等参数。

用电计量装置安装位置与产权分界点不一致时，变压器损耗、线路损耗由产权所有人负担，损耗的电量按各分类电量占抄见总电量的比例分摊。

计量装置计量的电量包含多种电价类别的电量，未分别计量，对不同电价类别的用电量，每月可按定比或定量的方式确定，确定的方式及核定值每年至少可以提出重新核定一次。

9. 电量的抄录和计算

电量的抄录包括抄表周期、抄表例日、抄表方式等。抄表方式分为人工抄表、自动抄录方式。

供用电双方以抄录数据作为电量电费的结算依据。以用电信息采集装置自动抄录的数据作为电量电费结算依据的，当装置发生故障时，以供电人人工抄录数据作为结算依据。

10. 电价、电费

供电人根据用电计量装置的记录和政府主管部门批准的电价（包括国家规定的随电价征收的有关费用），与用电人按约定时间和方式结算电费，在合同有效期内，如发生电价和其他收费项目费率调整，按政府有关电价调整文件执行。

电费包括电量电费、基本电费、功率因数调整电费。

电量电费是按用电人各用电类别结算电量乘以对应的电量电价。

基本电费可按变压器容量或合同最大需量、实际最大需量计算，一个季度为一个选择周期，用电人可提前15个工作日申请变更下一选择周期基本电价计费方式。

依据《功率因数调整电费办法》（水电财字第215号）的规定，确定客户的功率因数调整电费考核标准。当客户的功率因数高于考核标准，应减收一定比例的电费；当客户的功率因数低于考核标准，应增收一定比例的电费。

11. 电费支付及结算

包括每月抄表次数、每次抄表日期和结算日期等，供用电双方可以签订电费结算协议，作为供用电合同的附件。

（三）供电人的义务

供电人的义务主要体现在电能质量、连续供电、事故抢修、信息提供、信息保密等方面。

1. 电能质量

在电力系统处于正常运行状况下，供到用电人受电点的电能质量应符合国家规定标准。衡量电力系统电能质量指标有频率、电压、波形、供电可靠性。

因下列用电人原因导致供电人未能履行电能质量保证义务的，对用电人的该部分损失，供电人不承担赔偿责任。

（1）用电人违反供用电合同无功补偿保证。

（2）因用电人用电设施产生谐波、冲击负荷等影响电能质量或者干扰电力系统安全运行的。

（3）用电人不采取措施或者采取措施不力，功率因数达不到国家标准或产生的谐波、冲击负荷仍超过国家标准的。

（4）用电人其他原因导致供电人未能履行电能保证义务的。

2. 连续供电

在发供电系统正常情况下，供电人连续向用电人供电。但发生如下情形之一的，供电人可中止供电：

（1）供电设施计划或临时检修的。

（2）用电人危害供用电安全，扰乱供用电秩序，拒绝检查的。

（3）用电人逾期未交纳电费和违约金，经供电人催交仍未交付的。

（4）用电人受电装置经检验不合格，在指定期间未改善的。

（5）用电人注入电网的谐波电流超过标准，以及冲击负荷、非对称负荷等对电网电能质量产生干扰和妨碍，严重影响、威胁电网安全，拒不按期采取有效措施进行治理改善的。

（6）用电人拒不在限期内拆除私增用电容量的。

（7）用电人拒不在限期内交付违约用电引起的费用的。

（8）用电人违反安全用电、有序用电❶有关规定，拒不改正的。

（9）发生不可抗力或紧急避险的。

（10）用电人有违约用电、窃电行为的。

（11）用电人装有预购电装置、限流开关、负荷控制装置的，在预购电量使用完毕、用户超容量用电或超负荷用电时自动停电的。

（12）供电人执行政府机关或授权机构做出停电指令的。

（13）因电力供需紧张等原因需要停电、限电的。

（14）法律、法规和规章规定的其他情形。

因故需要中止供电的，按如下程序进行：

（1）供电设施计划检修需要中止供电的，供电人应当提前7日公告停电区域、停电线路、停电时间，并通知重要电力用户等级的用电人。

（2）供电设施临时检修需要中止供电的，供电人应当提前24h公告停电区域、停电线路、停电时间，并通知重要电力用户等级的用电人。

发生以下情形之一的，不经批准即可依法中止供电，但事后应报告本单位负责人：

（1）发生不可抗力或紧急避险。

（2）用电人确有窃电行为。

需要对用电人中止供电时，按如下程序进行：

（1）停电前三至七天内，将停电通知书送达用电人，对重要用电人的停电，同时将停电通知书报送同级电力管理部门。

（2）停电前30min，将停电时间再通知用电人一次。

引起中止供电或限电的原因消除后，供电人应在三日内恢复供电。不能在三日内恢复供电的，应向用电人说明原因。

3. 事故抢修

因自然灾害等原因断电的，应按国家有关规定及时对产权所属的供电设施进行抢修。

4. 信息提供

为用电人交费和查询提供方便，免费为用电人提供电能表示数、负荷、电量及电费等信

---

❶ 有序用电，是指在电力供应不足、突发事件等情况下，通过行政措施、经济手段、技术方法，依法控制部分用电需求，维护供用电秩序平稳的管理工作。

息，及时公布电价调整信息等。

5. 信息保密

对确因供电需要而掌握的用电人商业秘密，不得公开或泄露。用电人需要保守的商业秘密范围由其另行书面向供电人提出，双方协商确定。

6. 越界操作

供电人不得擅自操作用电人产权范围内的电力设施，但下列情况除外：

（1）可能危及电网和用电安全。

（2）可能造成人身伤亡或重大设备损坏。

（3）供电人依法或依合同约定实施停电。

7. 禁止行为

禁止供电人故意使用电计量装置计量错误，禁止供电人随电费收取其他不合理费用。

（四）用电人的义务

用电人的义务包括交付电费、保安措施、受电设施合格、自备应急电源、保护的整定与配合、无功补偿保证、电能质量共担等。

1. 交付电费

用电人应按照供用电合同约定方式、期限及时交付电费。

用电人将用电地址内的房屋、场地出租、出借或以其他方式给他人使用的，用电人仍需承担交纳电费的义务。

对于用电量大、电费金额大的客户，签订供用电合同时，电力企业与客户就电费结算等事宜，经过协商一致，必须签订电费结算协议。电费结算协议主要包括客户名称、户号、用电地址、客户的开户银行及账号、电力公司的开户银行及账号、电费结算方式、每月转账次数、付款要求等。

2. 保安措施

用电人保证电或非电保安措施有效，以满足安全需要，防止人身和财产等事故发生。

3. 受电设施合格

用电人保证受电设施及多路电源的联络、闭锁装置始终处于合格、安全状态，并按照国家或电力行业电气运行规程定期进行安全检查和预防性试验，及时消除安全隐患。

4. 受电设施及自备应急电源管理

（1）用电人电气运行维护人员应持有安全监管部门颁发的特种作业操作证（电工）或能源监管部门颁发的电工进网作业许可证，且证件在有效期内，方可上岗作业。

（2）用电人应对受电设施进行维护、管理，并负责保护供电人安装在用电人处的用电计量与用电信息采集等装置安全、完好，如有异常，应及时通知供电人。

（3）用电人应自备电源作为保安负荷的应急电源，电源容量至少应满足全部保安负荷正常供电的要求。

5. 保护的整定与配合

用电人受电装置的保护方式应当与供电人电网的保护方式相互配合，并按照电力行业有关标准或规程进行整定和检验，用电人不得擅自变动。

6. 无功补偿保证

用电人按无功电力就地平衡的原则，合理装设和投切无功补偿装置，保证相关数值符合国家相关规定。

7. 电能质量共担

用电人应采取积极有效的技术措施对影响电能质量的因素实施有效治理，确保将其控制在国家规定电能质量指标限值范围内。如用电人行为影响电网供电质量，威胁电网安全，供电人有权要求用电人限期整改，并在必要时采取有效措施解除对电网安全的上述威胁，用电人应给予充分必要的配合。

用电人对电能质量的要求高于国家相关标准的，应自行采取必要技术措施。

8. 有关事项的通知

如有以下事项发生，用电人应及时通知供电人：

（1）用电人发生重大用电安全事故及人身触电事故。

（2）电能质量存在异常。

（3）电能计量装置计量异常、失压断流记录装置的记录结果发生改变、用电信息采集装置运行异常。

（4）用电人拟对受电装置进行改造或扩建、用电负荷发生重大变化、重要受电设施检修安排及受电设施运行异常。

（5）用电人拟作资产抵押、重组、转让、经营方式调整、名称变化、发生重大诉讼、仲裁等，可能对本合同履行产生重大影响的。

（6）行业类别或负荷特性发生改变。

（7）用电人其他可能对本合同履行产生重大影响的情况。

9. 配合事项

用电人应配合做好需求侧管理，落实国家能源方针政策。

供电人依法进行用电检查，用电人应提供必要方便，并根据检查需要，向供电人提供相应真实资料。

用电计量装置的安装、移动、更换、校验、拆除、加封、启封由供电人负责，用电人应提供必要的方便和配合；安装在用电人处的用电计量装置由用电人妥善保管，如有异常，应及时通知供电人。

10. 越界操作

用电人不得擅自操作供电人产权范围内的电力设施，但遇下列情形除外：

（1）可能危及电网和用电安全。

（2）可能造成人身伤亡或重大设备损坏。

11. 禁止行为

禁止用电人违约用电、窃电等行为。

（五）合同变更、转让和终止

1. 合同变更

合同履行中发生下列情形，供用电双方应协商修改合同相关条款：

（1）增加或减少受电点、计量点。

（2）电费计算方式变更。

（3）用电人对供电质量提出特别要求。

（4）产权分界点调整。

（5）违约责任的调整。

（6）由于供电能力变化或国家对电力供应与使用管理的政策调整，使订立合同时的依据被修改或取消。

（7）其他需要变更合同的情形。

合同履行中，发生非永久性减容（减容恢复）、暂停（暂停恢复）、暂换（暂换恢复）、移表、暂拆、改类、调整定比定量、调整基本电费收取方式的，双方约定不再重新签订合同，该变更的申请及相关批复作为供用电合同的补充，具有同等法律效力。

合同如需变更，按以下程序进行：

（1）一方提出合同变更请求，双方协商达成一致。

（2）双方签订合同事项变更确认书。

2. 合同转让

未经对方同意，任何一方不得将供用电合同的权利和义务转让给第三方。

3. 合同终止

因如下情形，合同可以终止：

（1）用电人主体资格丧失或依法宣告破产。

（2）供电人主体资格丧失或依法宣告破产。

（3）合同依法或依协议解除。

（4）合同有效期届满，双方或一方对继续履行合同提出书面异议。

（六）供电人的违约责任

供电人违反合同约定，应当按照国家、电力行业标准或合同约定予以改正，继续履行。

《供电营业规则》（电力工业部令第 8 号）第九十五条规定，供用双方在合同中订有电力运行事故责任条款的，按下列规定办理：

（1）由于供电企业电力运行事故造成用户停电的，供电企业应按用户在停电时间内可能用电量的电量电费的五倍（单一制电价为四倍）给予赔偿。用户在停电时间内可能用电量，按照停电前用户正常用电月份或正常用电一定天数内的每小时平均用电量乘以停电小时数求得。

（2）由于用户的责任造成供电企业对外停电，用户应按供电企业对外停电时间少供电量，乘以上月份供电企业平均售电单价给予赔偿。

因用户过错造成其他用户损害的，受害用户要求赔偿时，该用户应当依法承担赔偿责任。

虽因用户过错，但由于供电企业责任而使事故扩大造成其他用户损害的，该用户不承担事故扩大部分的赔偿责任。

（3）对停电责任的分析和停电时间及少供电量的计算，均按供电企业的事故记录及《电业生产事故调查规程》办理。停电时间不足 1h 按 1h 计算，超过 1h 按实际时间计算。

（4）本条所指的电量电费按国家规定的目录电价计算。

依据《供电营业规则》（电力工业部令第 8 号）第九十六条、第九十七条规定，供电人违反供用电合同电能质量义务给用电人造成损失的，应赔偿用电人实际损失，最高赔偿限额为用电人在电能质量不合格的时间段内实际用电量和对应时段的平均电价乘积的 20%。但因用电人原因导致供电人未能履行电能质量保证义务的，则对用电人的该部分损失，供电人不承担赔偿责任。

《中华人民共和国电力法》第六十条规定，因电力运行事故给用户或者第三人造成损害的，电力企业应当依法承担赔偿责任。

电力运行事故由下列原因之一造成的，电力企业不承担赔偿责任：不可抗力；用户自身的过错。

因用户或者第三人的过错给电力企业或者其他用户造成损害的，该用户或者第三人应当依法承担赔偿责任。

（七）用电人的违约责任

用电人违反合同约定义务，应当按照国家、电力行业标准或合同约定予以改正，并继续履行。用电人违约行为危及供电安全时，供电人可要求用电人立即改正，用电人拒不改正时，供电人可采用操作用电人设施等方式直接代替用电人改正，相关费用和损失由用电人承担。

用电人在供电企业规定的期限内未交清电费时，应承担电费违约金。

用电人有违约用电行为或窃电行为，需要向供电人支付相应的违约使用电费。

用电人发生恶意拖欠电费、违约用电、窃电等情形的，供电人可以将用电人列入失信客户名单，提交给金融机构、政府的征信系统作为信用评价的依据。

（八）附则

1. 供电时间

用电人受电装置已验收合格，业务相关费用已结清，且合同和有关协议均已签订后，供电人应立即依照合同向用电人供电。

2. 合同效力

供用电合同经双方签署并加盖公章或合同专用章后成立。明确合同有效期的起止时间，合同有效期届满，双方均未提出书面异议的，继续履行，有效期按本合同有效期限重复续展。

供用电合同的有效期限一般规定如下：高压供电合同不超过 5 年，低压供电合同不超过 10 年，临时用电合同不超过 3 年，委托转供电合同不超过 4 年。

合同一方提出异议的，应在合同有效期届满的 30 天前提出，并按以下原则处理：

（1）一方提出异议，经协商，双方达成一致，重新签订供用电合同。在合同有效期届满后，续签的书面合同签订前，本合同继续有效。

（2）一方提出异议，经协商，不能达成一致的，在双方对供用电事宜达成新的书面协议前，本合同继续有效。

3. 调度通信

按照双方签订的调度协议执行，包括用电客户的业务联系人及调度电话、电气联系人及电话、财务联系人及电话。

4. 争议解决

双方发生争议时，应本着诚实信用原则，通过友好协商解决。若争议经协商仍无法解决的，可通过仲裁或诉讼方式处理。

5. 通知及同意

主要包括供用电双方接收所有通知及同意的地址、传真号码和电子邮箱地址。

6. 文本和附件

一般合同一式 4 份，供电人持 2 份，用电人持 2 份，具有同等法律效力。

供电人的正本由本单位档案部门负责保存，供电人的副本由营销部门存放一份。

双方按供用电业务流程所形成的申请、批复等书面资料均作为本合同附件，与合同正文具有相同效力。

附件包括术语定义、供电接线及产权分界示意图、电费结算协议、合同事项变更确认书等。

7. 提示和说明

用电人为政府机关、医疗、交通、通信、工矿企业，以及其他选择"重要负荷""连续性负荷"的，应当选择配备自备应急电源，并采取有效的非电保安措施，以保证供用电安全。

双方是在完全清楚、自愿的基础上签订供用电合同。

（九）签署页

包括供用电双方的单位名称（盖章）、法定代表人（负责人）或授权代表（签字）、签订日期、地址、联系人、电话、开户银行、账号、统一社会信用代码等。

三、供用电合同的管理

电力公司市场营销部门负责对供用电合同自起草至供用电合同终止的全过程管理，是供用电合同的归口管理部门。

（一）供用电合同分类

供用电合同根据供电方式、用电要求等因素进行科学分类、分级管理。

供用电合同分为居民供用电合同、低压非居民供用电合同、高压供用电合同、临时供用电合同、趸购电供用电合同和委托转供电合同六大类。

（1）居民供用电合同：适用于一般居民照明客户，见附录 3-4。

（2）低压非居民供电合同：适用于供电电压为 220/380V 低压的非居民普通电力客户，见附录 3-6。

（3）高压供用电合同：适用于供电电压为 10kV（含 6kV）及以上的高压电力客户，见附录 3-8。

（4）临时供用电合同：适用于用电时间较短，非永久性用电的客户。

（5）趸购电供用电合同：适用于趸购转售电单位向省级电力公司直属供电企业趸购电力，再转售给其他客户的情况。

（6）委托转供电合同：适用于公用供电设备设施未到达地区，供电企业委托有供电能力的客户（转供电人）向第三方（被转供人）供电的情况。

对需要单独签订并网协议、调度协议、购售电协议及电费结算协议的，一律作为供用电合同的附件纳入供用电合同管理。

供用电合同编号采用八位数，前两位为市电力公司、供电局代码；第三位数分别按供用电合同类别编号，即高压供用电合同为 1、低压供用电合同为 2、临时供用电合同为 3、趸购电供用电合同为 4、委托转供电供用电合同为 5；第四位及以后各位数码分别按客户进行编码，各供电局本着管理方便的原则自行确定客户编码，并加强定制管理。

（二）合同范本管理

为规范供用电合同的格式和条款内容，根据客户用电类别的不同，提供不同的供用电合同范本。省级电力公司营销部发布新的供用电合同范本之后，由供电单位营销部（客户服务中心）营业业务管理专责及时在电力营销业务应用系统中进行范本的引用，注意合同范本引用的及时性。

（三）合同新签

受理客户新装用电业务过程中，启动新签供用电合同。

供用电双方应当根据客户的需要和供电企业的供电能力，本着"平等自愿、协商一致"的原则签订供用电合同。签约人必须是供电人、用电人的法定代表人或其授权代理人，供电人、用电人的法定代表人必须向其授权代理人签发签订供用电合同的授权委托书。

合同新签流程如图 3-7 所示。

1. 合同起草

由大客户经理、现场查勘员或业务受理员起草合同。

（1）220kV 及以上高压客户新装增容高压供用电合同由省级电力公司客户服务中心大客户经理起草。

（2）110kV 及以下高压客户新装增容供用电合同由供电单位营销部（客户服务中心）大客户经理负责起草。

（3）低压非居民客户由中心或供电所现场查勘员起草。

（4）低压居民客户由营业业务受理员起草。

供用电合同严格按照电力公司供用电合同模板执行。新增条款、约定须报本单位法律专责审核，并报省级电力公司营销部备案。

2. 合同审核

按照《供用电合同管理实施细则》的规定严格履行审核审批流程，35kV 及以上高压客户供用电合同，各单位必须会同发展、运检、调度和法律等专业部门对合同进行审核，组织签订，并打印合同会签单存档。

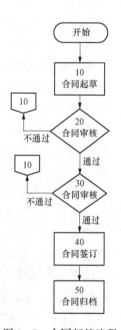

图 3-7 合同新签流程

供用电合同应重点审核以下内容：

（1）审查合同内容合法性。供用电合同或协议文本的公平合理性、合法合规性，一直是电力监管机构和工商部门监督和检查的重点。

（2）审查合同内容完整性、准确性。供用电合同中供电方式、供电质量、用电容量、计量信息、电价电费、产权划分等条款内容与营业费用、电费计收、运行维护和安全责任划分等密切相关，因此重点审核供电方式、自备应急电源及非电保安措施、计量计费信息、产权分界点及责任划分等重要条款内容，确保合同内容与电力营销系统信息和现场实际一致。

3. 合同审批

（1）220kV 及以上电压等级客户新装增容高压供用电合同由省级电力公司营销部营业处处长审批。

（2）110kV 和 35kV 高压客户新装增容供用电合同由省级电力公司客户服务中心大客户服务部主管负责审批。

（3）10kV 及以下高压客户新装增容供用电合同由供电单位业扩专业主管负责审批。

（4）低压非居民由营业业务管理专责审批。

（5）低压居民合同无审批。

4. 合同签订

供用电合同由供电单位负责签订，根据合同约定完善签字、盖章手续，确保合同生效。

供用电合同原则上应经供用电双方法定代表人（负责人）或授权委托人签字，并加盖公章或合同专用章才能生效，高压、低压、临时供用电合同等应加盖骑缝章，居民供用电合同签约人应盖手印。合同印章的主体名称应与合同、营业执照上的主体名称一致。

凡属于在电力公司范围内签订和履行的所有供用电合同、并网协议、调度协议、电费缴纳协议等供用电合同，一律采用书面形式签订，严禁口头协议。杜绝供用电合同履行在先、签订在后的现象发生。

对于低压居民客户，精简供用电合同条款内容，可采取背书方式签订，或通过"网上国网"手机 APP、移动作业终端电子签名方式签订。

高压供用电合同实行分级管理，由具有相应管理权限的人员进行审核。对于重要客户或者对供电方式及供电质量有特殊要求的客户，采取网上会签方式，经相关部门审核会签后形成最终合同文本。可以利用密码认证、智能卡、手机令牌等先进技术，推广应用供用电合同网上签约。

5. 合同归档

由业务受理员进行合同归档。

各类供用电合同按照"分级归口"的原则进行管理，收集、整理各类供用电合同进行归档管理，定期检查考核。

供用电合同与供用电合同有关的并网协议、调度协议、电费缴纳协议、会议纪要、信函、电报、传真、电话记录、索赔报告等资料均是企业经济活动的原始资料，应定期按项目、供用电合同分类建立详细的台账，及时归档保存。

（四）供用电合同的履行

供用电合同依法签订后，即具有法律效力。各供电局、各有关部门应认真履行供用电合同，严格执行，确保信誉。省级电力公司和供电局两级市场营销部应定期进行供用电合同履行情况的检查，对供用电合同履行中出现的问题给予解释、解决，对经常出现的问题加以研究、剖析，以便在以后签订的供用电合同中改进。

供用电合同履行过程中，供用电合同履行单位应教育督促全体人员严格按供用电合同进行工作，应随时检查、记录供用电合同的实际履行情况、发生的问题，定期上报主管部门，并根据实际情况制定切实有效的措施和对策，保证供用电合同的顺利履行。供用电合同履行过程中发生的情况应建立供用电合同履行执行情况台账，并及时报供用电合同管理部门。

（五）供用电合同变更与解除

供用电合同依法订立后即具有法律效力，省级电力公司、供电局不得擅自变更或解除。当确需变更或解除时，由合约签订人或经办人查明原因、提出意见，经批准签订的部门或单位领导核准后，再同对方协商，达成一致意见，并依法签署变更或解除供用电合同的书面协议。供用电合同变更应由原供用电合同起草部门负责更改，办理书面的供用电合同变更手续，做好变更文件的整理、保存和归档工作。

《供电营业规则》（电力工业部令第 8 号）第九十四条规定：供用电合同的变更或者解除，必须依法进行。有下列情形之一的，允许变更或解除供用电合同：

（1）当事人双方经过协商同意，并且不因此损害国家利益和扰乱供用电秩序。

（2）由于供电能力的变化或国家对电力供应与使用管理的政策调整，使订立供用电合同时的依据被修改或取消。

（3）当事人一方依照法律程序确定确实无法履行合同。

（4）由于不可抗力或一方当事人虽无过失，但无法防止的外因，致使合同无法履行。

下列情况允许供用电合同中止履行：

（1）对危害供用电安全，扰乱供用电秩序，拒绝检查的。

（2）拖欠电费经通知催交仍不交的。

（3）受电装置经检验不合格，在指定期间未改善的。

（4）注入电网的谐波电流超过标准，以及冲击负荷、非对称负荷等对电能质量产生干扰与妨碍，在规定限期内不采取措施的。

（5）拒不在限期内拆除私增用电容量的。

（6）拒不在限期内交付违约用电引起的费用的。

（7）违反安全用电、计划用电有关规定，拒不改正的。

（8）私自向外转供电力的。

（9）不可抗力和紧急避险。

（10）确有窃电行为的。

对于特殊情况下供用电合同履行过程中的供用电合同中止，必须及时查明中止的原因，办理中止手续并向用户履行通知的义务，当中止的条件、中止的原因消失时，应及时恢复履行，供用电合同的中止与恢复都必须通知市场营销部。

对于供用电合同的终止（供用电合同未履行完，但确定不再继续履行），供用电合同履行部门应做好终止记录，收集履行过程中所有与供用电合同有关的文件，必须与客户结清全部电费和其他债务，同时供用电双方应配合拆除双方设施的物理连接，办理解除供用电合同的手续。

（六）供用电合同的日常管理

供用电合同是客户的业务资料的重要组成部分，应按照营销业务资料管理的要求进行管理。

供用电合同管理部门应根据用电检查规定的周期对供用电合同进行检查，监督供用电合同的履行情况。在供用电合同的履行期内，当发生变更用电业务时，按照变更用电业务管理的要求及时变更供用电合同。

与客户协商一致后，在合同到期前 5 个工作日内完成续签。如因客户原因不续签合同或未按时完成合同续签，应做好相关佐证收集及留档备查。

供用电合同管理的目标：合同签订率达 100%；合同内容正确率达 100%；合同有效率达 100%；不发生因供用电合同签订失误原因造成的法律纠纷和经济损失事件。

（七）营销业务资料管理

营销业务资料和客户户务档案是供电企业完善客户管理、提升客户优质服务水平的重要基础资料。供电企业在完成客户任一用电业务后必须将全过程的资料和记录进行规范化管理归档，并设专人负责，避免丢失。

营销业务资料管理的基本要求：档案内的文件和资料必须完整，能反映营销业务的整个过程。

供电局客户服务中心应负责收集客户申请资料及附件，需要收集的资料应包括：用电申请单，设计资料审查申请单，客户电气设备中间检查申请单，客户电气设备安装竣工验收申请单，客户有效证件复印件，营业执照、法人资格证书复印件，房屋产权证、建房许可证或土地使用证复印件，政府项目批文，土地测量报告或规划红线图，其他申请附件。

供电局市场营销部、客户服务中心应在完成业扩报装业务后的 2 个工作日内将相关记录传递至营业厅归档。需要传递的记录应包括：需负责人或客户签字的查勘工作单、需负责人签字的审批工作单、供电方案批复、中间检查报告、竣工验收报告、客户新设备加入系统运行申请书等。

供电局市场营销部、供电局客户服务中心应在供用电合同签订后 1 个工作日完成供用电合同传递工作。

供电局客户服务中心应在完成现场工作后及时传递、归档相关业务工作单。需要归档保存的业务工作单应包括：装表工作单、换表工作单、拆表工作单、移表工作单、检定工作单。

供电局客户服务中心应完整、准确地收集、查验和交接营业档案相关资料。

档案按顺序依次排列存放，并设目录或索引。

电力业务办理完结后 5 个工作日内将相关营销资料扫描上传到电子化档案系统。对重要客户的永久性档案，宜采取扫描录入方法存盘保存，以避免经常借阅引起档案的破损、丢失等。

分户分类保存营业档案，同一客户的业务资料，宜归存于同一营业档案中。低压客户业务资料应统一按台区、户号顺序依次摆放；高压客户应按线路归类，依次摆放，同时加强重要客户"一户一档"管理。

针对已办理拆表销户的客户档案，可另行合并保管，并在档案目录上注明"已销户"字样。

营业档案的保管期限应根据使用价值、存档必要程度等确定，一般分为短期、长期和永久三种，短期性档案的保管年限为一年至三年，长期性档案的保管年限为十年，永久性档案的保管年限为二十年。

档案室内应符合防盗、防火、防尘、防高温、防潮湿、防污染、防鼠、防虫等要求，并保持清洁、干燥、通风良好。档案室应当配置专用箱、柜，档案柜架设置合理，排列整齐、美观，标识清晰，便于查找。

实践能力训练 1　业务扩充表单填写大作业

一、实践目的

学生通过对居民客户、高压客户的业务扩充表单填写，熟悉业务扩充表单的主要内容。

二、实践任务描述

（一）居民新装业扩表单填写

居民新装客户：供电电压为交流 220V，容量为 6kVA，电能表为电子式智能远程费控表。

按照表单模板，对该居民客户填写用电申请书、供电方案答复单、居民供用电合同。

（二）高压新装业扩表单填写

高压新装客户名称：某房地产开发有限公司，容量为 5000kVA，电压为 10kV。

计量装置属于Ⅲ类，电能表为河南某公司生产的 DSZ566，3×100V，3×1.5（6）A，有功精度为 0.5S；电流互感器为重庆某公司生产的 LZZBJ9-10，额定电压为 10kV，变比为 250A/5A，精度为 0.2S；电压互感器为重庆某公司生产的 JDZ-10，额定电压为 10kV，变比为 10kV/0.1kV，精度为 2。

按照表单模板，对该高压客户填写用电申请书、现场勘查工作单、受电工程竣工检验单、高压供用电合同、计量现场装拆工作单。

老师将相应的表单模板发给学生，学生将填写完成的表单发送给老师，由老师批阅。

项目 4 变 更 用 电

知识目标

➢ 了解变更用电的基本概念。

➢ 熟悉变更用电业务的工作内容、工作流程。

能力目标

➢ 可以为客户办理变更用电业务。

➢ 能够在电力营销管理系统中进行变更用电操作。

模块一 变更用电的基本概念

【模块描述】 本模块介绍变更用电的概念、变更用电管理等，通过学习可以正确理解变更用电。

一、变更用电的概念

变更用电是指改变由供用电双方签订的供用电合同中约定的有关用电事宜的行为。在改变供用电合同中约定的条款时，可以是单条条款的改变，也可以是多条条款的改变。

临时用电不得办理变更用电业务。

《供电营业规则》（电力工业部令第 8 号）第二十二条规定，有下列情况之一者，为变更用电。用户需变更用电时，应事先提出申请，并携带有关证明文件，到供电企业用电营业场所办理手续，变更供用电合同。

（1）减少合同约定的用电容量（简称减容）。

（2）暂时停止全部或部分用电设备的用电（简称暂停）。

（3）临时更换大容量变压器（简称暂换）。

（4）迁移受电装置用电地址（简称迁址）。

（5）移动用电计量装置安装位置（简称移表）。

（6）暂时停止用电并拆表（简称暂拆）。

（7）改变用户的名称（简称更名或过户）。

（8）一户分列为两户及以上的用户（简称分户）。

（9）两个及以上用户合并为一户（简称并户）。

（10）合同到期终止用电（简称销户）。

（11）改变供电电压等级（简称改压）。

（12）改变用电类别（简称改类）。

二、变更用电管理

变更用电管理，包括减容（减容恢复）、暂停（暂停恢复）、移表、暂拆（复装）、更名、过户、销户、改类（含基本电价计费方式变更、调需量值）等业务全过程作业规范、流程衔接及考核评价。

为了落实国家简政放权要求，深化"互联网＋"营销服务模式，坚持以满足客户需求为导向，进一步优化变更用电业务，精简手续资料，压缩流程环节，减少客户临柜次数，最大程度便捷客户办电，依据《中华人民共和国电力法》《电力供应与使用条例》《供电营业规则》，全面践行"你用电、我用心"服务理念，认真贯彻国家法律法规、标准规程和供电服务监管要求，严格遵守公司供电服务"三个十条"规定，按照"便捷高效、智能互动、办事公开"原则，深化线上办电、移动作业、档案电子化等技术手段应用，向客户提供规范、便捷、高效的变更用电服务。

电力公司的营销部是变更用电业务的归口管理部门，负责组织制定变更用电实施细则和技术标准，对变更用电管理工作进行指导检查和评价考核。

模块二　变更用电业务的工作内容、工作流程

【模块描述】　本模块介绍变更用电各种业务的工作内容、工作流程，通过学习可以掌握变更用电工作的处理原则。

变更用电的业务项目包括：减容（减容恢复）、暂停（暂停恢复）、暂换、迁址、移表、暂拆、更名、过户、分户、并户、销户、改压、改类（含基本电价计费方式变更、调需量值）、更改交费方式、计量装置故障处理、市政代工等。

根据业务不同，变更用电业务的具体工作流程也不一样。

一、减容

减容是指客户在正式用电后，由于生产经营情况发生变化，考虑到原用电容量过大，不能全部利用，为了减少基本电费的支出或节能的需要，提出减少供用电合同约定的用电容量的一种变更用电业务。

减容分为永久性减容和非永久性减容。

《供电营业规则》（电力工业部令第 8 号）第二十三条规定，用户减容，须在五天前向供电企业提出申请。供电企业应按下列规定办理：

（1）减容必须是整台或整组变压器的停止或更换小容量变压器用电。供电企业在受理之日后，根据用户申请减容的日期对设备进行加封。从加封之日起，按原计费方式减收其相应容量的基本电费。但用户申明为永久性减容的或从加封之日起期满两年又不办理恢复用电手续的，其减容后的容量已达不到实施两部制电价规定容量标准时，应改为单一制电价计费。

（2）减少用电容量的期限，应根据用户所提出的申请确定，但最短期限不得少于六个月，最长期限不得超过两年。

（3）在减容期限内，供电企业应保留用户减少（原）容量的使用权。用户要求恢复供电，不再交付供电贴费；超过减容期限要求恢复用电时，应按新装或增容手续办理。

（4）在减容期限内要求恢复用电时，应在五天前向供电企业办理恢复用电手续，基本电费从启封之日起计收。

（5）减容期满后的用户以及新装、增容用户，两年内不得申办减容或暂停。如确需继续办理减容或暂停的，减少或暂停部分容量的基本电费应按 50％计算收取。

根据国家发展改革委办公厅《关于完善两部制电价用户基本电价执行方式的通知》（发

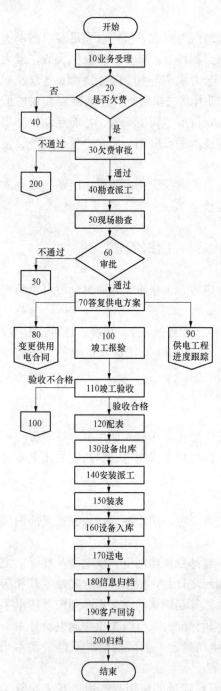

图 4-1 减容的工作流程

改办价格〔2016〕1583 号），为了减少企业的用电成本，第一项中，无论是永久性减容还是非永久性减容，从拆除（或调换）之日起，减容部分免收基本电费，其减容后的容量达不到实施两部制电价规定容量标准的，应改为相应用电类别单一制电价计费，并执行相应的分类电价标准；第五项中，减容期满后的用户以及新装、增容用户，两年内申办暂停的，不再收取暂停部分容量 50% 的基本电费。

减容的工作流程如图 4-1 所示。

（一）业务受理

减容申请采用营业厅受理和电子渠道受理（简称线下和线上）两种方式。通过线下和线上受理的申请，分别由营业厅受理人员和线上业务处理人员负责确认资料的有效性和完整性。受理用户申请时，应主动向用户提供用电咨询服务，履行一次性告知义务。

用户申请减容应符合下列条件：

（1）减容一般只适用于高压供电用户。

（2）用户申请减容，应提前 5 个工作日办理相关手续。

（3）用户提出减少用电容量的期限最短不得少于 6 个月，但同一日历年内暂停满六个月申请办理减容的用户减容期限不受时间限制。

（4）用户同一自然人或同一法人主体的其他用电地址不应存在欠费，如有欠费则给予提示。

业务受理员指导客户正确填写用电申请书，包括客户名称、户号、用电地址、证件类别及号码、联系人及联系方式、变压器减容容量、减容时间、变更原因等。业务受理员应检查核对用电申请书中的客户签字（盖章），当场审核客户所填申请单的完整性和准确性，要求附列资料齐全，其中应包括：有效证件复印件一份、减容设备清单。

业务受理员应在申请资料审核无误后，当日内创建减容业务工单。

受理用户减容，应特别注意以下事项：

（1）减容必须是整台或整组变压器的停止或更换小容量变压器用电，根据用户提出的减容日期，将对申请减容的设备进行拆除（或调换）。

（2）减容后执行最大需量计费方式的，合同最大需量按减容后总容量申报，申请减容周期应以抄表结算周期或日历月为基本单位，起止时间应与抄表结算起止时间一致或为整日历月。合同最大需量核定值在下一个抄表结算周期或日历月生效。

（3）减容分为永久性减容和非永久性减容，非永久性减容在减容期限内供电企业保留用户减少容量的使用权，减容两年内恢复的，按减容恢复办理；超过两年的按新装或增容手续办理。

（二）现场勘查及方案答复

业务受理人员或者线上业务处理人员与用户预约现场勘查时间，并将流程发至现场工作班组（部门），同步将预约日期告知用户及客户经理。

现场勘查时，应重点核实用户用电性质、负荷特性、用电容量、用电类别等信息，根据国家确定重要负荷等级有关规定，审核减容后用户行业范围和负荷特性是否发生变化，根据用户供电可靠性要求及中断供电危害程度确定或复核供电方式。结合现场供电条件，确定减少容量、减容后的计量、计费方案，填写现场勘查单或录入移动作业终端，并由用户签字（或电子签名方式）确认。

现场工作人员应根据现场勘查结果，拟订供电方案，形成供电方案答复单。营销部门统一答复用户供电方案。线上受理业务可通过电子渠道将供电方案推送给用户确认并反馈。

（三）受电工程设计文件审核

对减容业务涉及工程的重要或有特殊负荷的用户，供电方案答复后，由营业厅受理人员统一受理用户受电工程设计审查申请，接受相关设计文件和有关资料。受理用户受电工程设计审查时，应重点检查用户提交资料的完整性和有效性。

设计文件审查的主要内容和基本要求，包括：

（1）主要电气设备技术参数、主接线方式、运行方式、线缆规格应满足供电方案要求；通信、继电保护及自动化装置设置应符合有关规程；电能计量和用电信息采集装置的配置应符合 DL/T 448—2016《电能计量装置技术管理规程》、国家电网有限公司智能电能表及用电信息采集系统相关技术标准。

（2）对重要电力用户：供电电源配置、自备应急电源及非电性质保安措施、涉网自动化装置、多电源闭锁装置应满足有关规程、规定的要求。

（3）对特殊负荷（高次谐波、冲击性负荷、波动负荷、非对称性负荷等）用户：电能质量治理装置及预留空间、电能质量监测装置、涉网自动化装置应满足有关规程、规定要求。

以图纸审查意见单的形式一次性答复用户设计审查意见，并告知其下一个环节需要注意的事项。具备条件的，可通过电子渠道方式将审图意见及注意事项推送用户确认。用户如需变更审核后的设计文件，应将变更设计内容重新送审。

（四）受电工程中间检查

对减容业务涉及工程的重要或有特殊负荷的用户，中间检查申请可采用营业厅受理和电子渠道受理（简称线下和线上）两种方式。

现场检查时，应查验施工企业、试验单位资质，重点检查涉及电网安全的隐蔽工程施工工艺、计量相关设备选型等内容，填写中间检查单或在移动作业终端上录入相关信息，并由用户签字（或电子签名方式）确认。

对检查发现的问题，应一次性告知用户整改。用户整改完毕后报请供电企业复验。复验合格后方可继续施工。具备条件的，可通过线上渠道将中间检查结果及注意事项推送给用户确认。

（五）受电工程竣工检验

对减容业务涉及工程的竣工检验申请采用营业厅受理和电子渠道受理（简称线下和线上）两种方式。线上受理的申请，由线上业务处理人员确认预约申请，并应告知用户检查项目和应配合的工作，以及现场需收集的资料等事项。具备条件的，可由用户自主选择预约服务时间。对于普通用户，实行设计单位资质、施工图纸与竣工资料合并报验。

按照与用户预约的时间，组织开展竣工检验。根据国家、行业标准（规程）和用户竣工报验资料，对受电工程涉网部分进行全面检验。重点查验内容包括：

（1）电源接入方式、受电容量、电气主接线、运行方式、无功补偿、自备电源、计量配置、保护配置等是否符合供电方案。

（2）电气设备符合国家的政策法规，是否存在使用国家明令禁止的电气产品。

（3）试验项目是否齐全、结论是否合格。

（4）计量装置配置和接线是否符合计量规程要求，用电信息采集及负荷控制装置是否配置齐全，是否符合技术规范要求。

（5）冲击负荷、非对称负荷及谐波源设备是否采取有效的治理措施。

（6）双（多）路电源闭锁装置是否可靠，自备电源管理是否完善、单独接地、投切装置是否符合要求。

（7）重要电力用户保安电源容量、切换时间是否满足保安负荷用电需求，非电保安措施及应急预案是否完整有效。

竣工检验结束后，应填写竣工检验单或在移动作业终端上录入相关信息，将竣工检验结果答复给用户，并由用户签字（或电子签名方式）确认。如检查有缺陷，应将缺陷一次性书面通知用户，用户整改后重新检查直至合格。

（六）变更供用电合同

永久性减容的合同变更，按照《供用电合同管理实施细则》的有关规定执行。非永久性减容可不重签供用电合同，以申请单作为原合同附件确认变更事项。

（七）换表（特抄）、封停设备、送电

按照与用户约定的时间，组织装表接电等其他配合人员到现场实施减容操作。

装表接电人员完成换表（特抄）工作，并由用户在纸质电能计量装接单或者移动作业终端上签字（电子签名方式）确认表计底度。现场工作人员对用户减容设备进行封停，或对更换的小容量变压器（含不通过变压器的高压电动机）进行送电，并由用户在纸质送电单或移动作业终端上签字（电子签名方式）确认。

（八）归档

完成减容封停后，将流程发送至"归档"环节，并在3个工作日内完成归档。归档工作包括信息归档和资料归档。信息归档过程中发现的问题，由工作人员发起相应的流程进行处理。按照"谁办理、谁提供、谁负责"的原则，由相关责任人员根据《电力客户营业档案管理规定》收集、整理和归档客户档案资料，归档人员核对用户档案资料的完整性，在检查无误后对资料进行归档登记。

二、减容恢复

减容恢复是指客户减容到期后需要恢复原容量用电的变更用电业务。

减容恢复申请采用营业厅受理和电子渠道受理（简称线下和线上）两种方式。

受理用户申请时，应主动向用户提供用电咨询服务，履行一次性告知义务。

用户申请减容恢复应注意以下事项：

（1）用户申请减容恢复，应在 5 个工作日前提出申请。

（2）用户提出恢复用电容量的时间是否超过两年，超过两年应按新装或增容办理。

（3）用户同一自然人或同一法人主体的其他用电地址是否存在欠费，如有欠费则应给予提示。

对申请减容恢复的用户，现场工作人员应核查用户是否恢复到减容前的容量，确定实施减容恢复的操作方案。

按照与用户约定的时间，组织装表接电等其他配合人员到现场实施减容恢复操作。装表接电人员完成减容恢复的换表（特抄）工作，并由用户在纸质电能计量装接单或移动作业终端上签字（电子签名方式）确认表计底度。

现场工作人员完成对需恢复（或更换）设备的检查工作，对用户需恢复设备进行启封，或对更换的大容量变压器（含不通过变压器的高压电动机）进行送电，并由用户在纸质送电单或者移动作业终端上签字（电子签名方式）确认。

减容恢复流程如图 4-2 所示，流程中的其他环节与减容一样。

三、暂停

暂停是指客户在正式用电后，由于生产经营情况发生变化，需要临时变更用电容量，或因为设备检修或季节性用电等原因，为了节省和减少电费支出，需要短时间内停止使用一部分或全部用电设备容量的一种变更用电业务。

《供电营业规则》（电力工业部令第 8 号）第二十四条规定，用户暂停，须在五天前向供电企业提出申请。供电企业应按下列规定办理：

（1）用户在每一日历年内，可申请全部（含不通过受电变压器的高压电动机）或部分用电容量的暂时停止用电两次，每次不得少于十五天，一年累计暂停时间不得超过六个月。季节性用电或国家另有规定的用户，累计暂停时间可以另议。

（2）按变压器容量计收基本电费的用户，暂停用电必须是整台或整组变压器停止运行。供电企业在受理暂停申请后，根据用户申请暂停的日期对暂停设备加封。从加封之日起，按原计费方式减收其相应容量的基本电费。

（3）暂停期满或每一日历年内累计暂停用电时间超过六个月者，不论用户是否申请恢复用电，供电企业须从期满之日起，按合同约定的容量计收其基本电费。

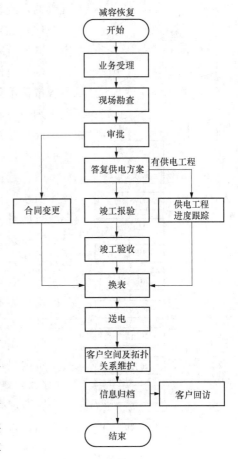

图 4-2　减容恢复的工作流程

（4）在暂停期限内，用户申请恢复暂停用电容量用电时，须在预定恢复日前五天向供电企业提出申请。暂停时间少于十五天者，暂停期间基本电费照收。

（5）按最大需量计收基本电费的用户，申请暂停用电必须是全部容量（含不通过受电变压器的高压电动机）的暂停，并遵守本条1～4项的有关规定。

暂停与减容最大的区别是关于时间的规定。

暂停的工作流程如图4-3所示。

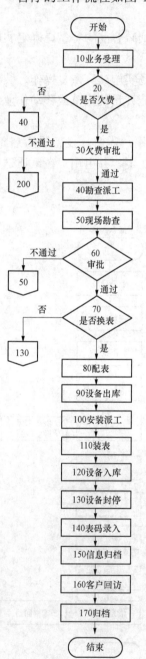

图4-3　暂停的工作流程

（一）业务受理

暂停申请采用营业厅受理和电子渠道受理（简称线下和线上）两种方式。受理用户申请时，应主动向用户提供用电咨询服务，履行一次性告知义务。业务受理员应在申请资料审核无误后，当日内创建暂停业务工单。

受理时应特别注意以下事项：

（1）用户申请暂停须在5个工作日前提出申请。

（2）暂停用电必须是整台或整组变压器停止。

（3）申请暂停用电，每次应不少于十五天，每一日历年内暂停时间累计不超过六个月，次数不受限制。暂停时间少于十五天的，则暂停期间基本电费照收。

（4）当年内暂停累计期满六个月后，如需继续停用的，可申请减容，减容期限不受限制。

（5）自设备加封之日起，暂停部分免收基本电费。如暂停后容量达不到实施两部制电价规定容量标准的，应改为相应用电类别单一制电价计费，并执行相应的电价标准。

（6）减容期满后的用户及新装、增容用户，两年内申办暂停的，不再收取暂停部分容量50％的基本电费。

（7）选择最大需量计费方式的用户暂停后，合同最大需量核定值按照暂停后总容量申报。申请暂停周期应以抄表结算周期或日历月为基本单位，起止时间应与抄表结算起止时间或者日历月一致。合同最大需量核定值在下一个抄表结算周期或日历月生效。

（8）暂停期满或每一日历年内累计暂停用电时间超过六个月的用户，不论是否申请恢复用电，供电企业须从期满之日起，恢复其原电价计费方式，并按合同约定的容量计收基本电费。

（9）用户同一自然人或同一法人主体的其他用电地址的电费交费情况正常，如有欠费则应给予提示。

（二）现场封停

营业厅受理人员或者线上业务处理人员与用户预约现场勘查时间，告知需其配合工作及相关注意事项，并将流程发至现场工作班组（部门），提醒相应人员及时处理。

受理申请之日起5个工作日内组织到现场实施封停操作，并由用户在纸质电能计量装接单或者移动作业终端上签字（电子签名方式）确认表计底度。

具备条件的，可通过移动作业终端拍照并上传现场封停情况，作为存档资料。

（三）变更供用电合同

暂停业务若涉及计量计费方式变化需进行供用电合同变更，若不涉及计量计费方式变化，可以使用暂停申请单作为原合同附件确认变更事项。

（四）归档

完成现场封停后，将流程发送至归档环节，并在 3 个工作日内完成归档，归档工作包括信息归档和资料归档。

四、暂停恢复

暂停恢复是指客户暂停期间或到期后需要恢复原容量用电的变更用电业务。

暂停恢复申请采用营业窗口受理和电子渠道受理（简称线下和线上）两种方式。

受理时应特别注意以下事项：

（1）用户申请暂停恢复前须在恢复日前 5 个工作日提出申请。

（2）用户的实际暂停时间少于十五天者，暂停期间基本电费照收。

（3）暂停恢复后容量再次达到实施两部制电价规定容量标准的，应将暂停时执行的单一制电价计费，恢复为原两部制电价计费。

（4）用户同一自然人或同一法人主体的其他用电地址的电费交费情况正常，如有欠费则应给予提示。

用户申请符合条件后，由营业厅受理人员在营销系统内发起流程或线上业务处理人员对电子渠道受理的申请进行确认，实时将相应的业务流程发送至下一环节。

营业厅受理人员或者线上业务处理人员与用户预约现场启封时间，告知需其配合工作及相关注意事项，并将流程发至现场工作班组（部门），提醒相应人员及时处理。

受理申请之日起 5 个工作日内组织到现场实施启封操作，并由用户在纸质电能计量装接单或者移动作业终端上签字（电子签名方式）确认表计底度。

暂停恢复业务若涉及计量计费方式变化需进行供用电合同变更，可以使用暂停恢复申请单作为原合同附件确认变更事项。

完成现场启封环节后，将流程发送至归档环节，并在 3 个工作日内归档。

五、暂换

客户需在更换前 5 天向供电企业提出申请。供电企业需按下列规定办理：

（1）必须在原受电地点内整台暂换受电变压器。

（2）暂换变压器的使用时间，10kV 及以下的不得超过 2 个月，35kV 及以上的不得超过 3 个月。逾期不办理手续的，供电企业可中止供电。

（3）暂换的变压器经检验合格后才能投入运行，电能计量装置应根据暂换的变压器进行配置。

（4）对两部制电价客户须在暂换之日起，按替换后的变压器容量计收基本电费。

在办理暂换业务手续时，严格审查其原因是否确实，必要时可要求客户提供原变压器的检修证明，以防止个别客户以暂换大容量变压器之名，达到变相增容的目的。

六、迁址

用户在正式用电后，由于生产、经营或市政规划等原因需迁移受电装置地址的，称为迁移用电地址，简称迁址。

《供电营业规则》（电力工业部令第 8 号）第二十六条规定，用户迁址，须在五天前向供电企业提出申请。供电企业应按下列规定办理：

（1）原址按终止用电办理，供电企业予以销户。新址用电优先受理。

（2）迁移后的新址不在原供电点供电的，新址用电按新装用电办理。

（3）迁移后的新址在原供电点供电的，且新址用电容量不超过原址容量，新址用电不再收取供电贴费。新址用电引起的工程费用由用户负担。

（4）迁移后的新址仍在原供电点，但新址用电容量超过原址用电容量的，超过部分按增容办理。

（5）私自迁移用电地址而用电者，除按本规则第一百条第 5 项处理外，自迁新址不论是否引起供电点变动，一律按新装用电办理。

《供电营业规则》（电力工业部令第 8 号）第一百条第 5 项规定，私自迁移、更动和擅自操作供电企业的用电计量装置、电力负荷管理装置、供电设施以及约定由供电企业调度的用户受电设备者，属于居民用户的，应承担每次 500 元的违约使用电费；属于其他用户的，应承担每次 5000 元的违约使用电费。

七、移表

《供电营业规则》（电力工业部令第 8 号）第二十七条规定，用户移表（因修缮房屋或其他原因需要移动用电计量装置安装位置），须向供电企业提出申请。供电企业应按下列规定办理：

（1）在用电地址、用电容量、用电类别、供电点等不变情况下，可办理移表手续。

（2）移表所需的费用由用户负担。

（3）用户不论何种原因，不得自行移动表位，否则，可按本规则第一百条第 5 项处理。

受理时应特别注意以下事项：

（1）用户移表应提前 5 个工作日申请。

（2）在用电地址、用电容量、用电类别、供电点等不变，仅电能计量装置安装位置变化的情况下，可办理移表手续。

现场具备直接移表条件的，应采用"一岗制"作业模式，当场完成移表工作。

八、暂拆/复装

《供电营业规则》（电力工业部令第 8 号）第二十八条规定，用户暂拆（因修缮房屋等原因需要暂时停止用电并拆表），应持有关证明向供电企业提出申请。供电企业应按下列规定办理：

（1）用户办理暂拆手续后，供电企业应在五天内执行暂拆。

（2）暂拆时间最长不得超过六个月。暂拆期间，供电企业保留该用户原容量的使用权。

（3）暂拆原因消除，用户要求复装接电时，须向供电企业办理复装接电手续并按规定交付费用。上述手续完成后，供电企业应在五天内为该用户复装接电。

（4）超过暂拆规定时间要求复装接电者，按新装手续办理。

受理暂拆/复装业务时应特别注意以下事项：

（1）暂拆和复装适用于低压供电用户。

（2）用户办理暂拆手续后，供电企业应在五个工作日内执行暂拆；暂拆原因消除，用户办理复装手续后，供电企业应在五个工作日内复装接电。用户申请暂拆时间最长不得超过六个月，超过暂拆规定时间要求复装接电者，按新装手续办理。

（3）用户同一自然人或同一法人主体的其他用电地址的电费交费情况正常，如有欠费则应给予提示。

现场勘查时具备直接拆表/装表接电条件的，应采用"一岗制"作业模式，当场完成拆表/装表接电工作。时限要求：受理业务后 5 个工作日。

现场勘查时不具备直接拆表/装表条件的，装接责任部门（班组）工作人员按约定的现场服务时间完成现场拆表/装表接电工作，并由用户在纸质电能计量装接单或者移动作业终端上签字（电子签名方式）确认表计底度。

九、更名、过户

《供电营业规则》（电力工业部令第 8 号）第二十九条规定，用户更名或过户（依法变更用户名称或居民用户房屋变更户主），应持有关证明向供电企业提出申请。供电企业应按下列规定办理：

（1）在用电地址、用电容量、用电类别不变条件下，允许办理更名或过户。

（2）原用户应与企业结算清债务，才能解除原供用电关系。

（3）不申请办理过户手续而私自过户者，新用户应承担原用户所负债务。经供电企业检查发现用户私自过户时，供电企业应通知该户补办手续，必要时可中止供电。

（一）更名

受理更名时应特别注意以下事项：

（1）在用电地址、用电容量、用电类别不变条件下，可办理更名。

（2）更名一般只针对同一法人及自然人的名称的变更，即用户用电主体产权并未发生转移。

对于低压居民用户，可采取背书方式签订供用电合同。对于低压非居民用户、高压用户，按照《供用电合同管理实施细则》的要求重新签订供用电合同。

（二）过户

受理过户时应特别注意以下事项：

（1）在用电地址、用电容量、用电类别不变条件下，可办理过户。

（2）原用户应与供电企业结清债务。

（3）居民用户如为预付费控用户，应与用户协商处理预付费余额。

（4）涉及电价优惠的用户，过户后需重新认定。

（5）原用户为增值税用户的，过户时必须办理增值税信息变更业务。

（6）用户同一自然人或同一法人主体的其他用电地址的电费交费情况正常，如有欠费则应给予提示。

不需要电费清算的低压居民用户，业务受理后流程直接发送至归档环节。需要电费清算的低压居民用户，在业务受理环节进行特抄，特抄成功的，将流程发送至结清电费环节；特抄失败的，将流程发送至现场抄表环节。低压非居民和高压用户将流程发送至现场勘查（特抄）环节。

低压居民用户由系统自动进行电费核算并即时出账，低压非居、高压用户仍按照原有电费核算流程完成核算出账。

完成电费结算后，将流程发送至归档环节。时限要求：正式受理后，居民过户在 5 个工作日内归档；非居民用户过户受理后 5 个工作日内完成合同起草；非居民用户签订合同后，5 个工作日内电费出账，结清后归档。

十、分户

原用户由于生产、经营、改制等方面原因，一户分列为两户及以上的用户，简称分户。

《供电营业规则》（电力工业部令第 8 号）第三十条规定，用户分户，应持有关证明向供电企业提出申请。供电企业应按下列规定办理：

（1）在用电地址、供电点、用电容量不变，且其受电装置具备分装的条件时，允许办理分户。

（2）在原用户与供电企业结清债务的情况下，再办理分户手续。

（3）分立后的新用户应与供电企业重新建立供用电关系。

（4）原用户的用电容量由分户者自行协商分割，需要增容者，分户后另行向供电企业办理增容手续。

（5）分户引起的工程费用由分户者负担。

（6）分户后受电装置应经供电企业检验合格，由供电企业分别装表计费。

十一、并户

用户在用电过程中，由于生产、经营或改制方面的原因，两户及以上用户合并为一户，简称并户。目前办理并户的客户较少。

《供电营业规则》（电力工业部令第 8 号）第三十一条规定，用户并户，应持有关证明向供电企业提出申请，供电企业应按下列规定办理：

（1）在同一供电点，同一用电地址的相邻两个及以上用户允许办理并户。

（2）原用户应在并户前向供电企业结清债务。

（3）新用户用电容量不得超过并户前各户容量之总和。

（4）并户引起的工程费用由并户者负担。

（5）并户的受电装置应经检验合格，由供电企业重新装表计费。

受理并户时应特别注意以下事项：

（1）要注意并户后的用户用电容量是否达到实施两部制电价的标准，如果达到，则应改为两部制电价计收电费。

（2）若并户后的用电容量、用电类别发生变化，则应分步走，先并户，后按增（减）容、改类办理。

（3）并户后要重新签订供用电合同。

十二、销户

销户分两种情况：一种是用户由于合同到期终止用电而主动申请的销户；另一种情况则是用户依法破产或连续 6 个月不用电，也不申请办理暂停手续者，供电企业予以强制性销户。

《供电营业规则》（电力工业部令第 8 号）第三十二条规定，用户销户，须向供电企业提出申请。供电企业应按下列规定办理：

（1）销户必须停止全部用电容量的使用。

（2）用户已向供电企业结清电费。

（3）查验用电计量装置完好性后，拆除接户线和用电计量装置。

（4）用户持供电企业出具的凭证，领还电能表保证金与电费保证金。

办完上述事宜，即解除供用电关系。

《供电营业规则》（电力工业部令第 8 号）第三十三条规定，用户连续六个月不用电，也不申请办理暂停用电手续者，供电企业须以销户终止其用电。用户需再用电时，按新装用电办理。

"用户连续 6 个月不用电"是指用户的计费电能表的指数连续 6 个月不变或计量的电量不足变压器损耗时，即认为该用户已连续 6 个月不用电。

依据电压等级，销户可分为低压销户、高压销户。

（一）低压销户

"销户"申请采用营业窗口受理（简称线下）的方式，由营业窗口业务受理人员确认资料的有效性和完整性。

受理时应特别注意以下事项：

（1）询问用户申请意图，向用户提供用电业务办理告知书。

（2）接收并审核用户申请资料，已有用户资料或资质证件尚在有效期内，则无需用户再次提供；对资料不齐全的，应通过缺件通知书形式告知用户具体缺件内容。

（3）核查用户同一自然人或同一法人主体的其他用电地址的电费交费情况，如有欠费则给予提示。

现场勘查时，应核实计量装置是否运行正常，若发现电表等计量装置损坏或丢失，应通知用户到营业窗口办理赔偿手续。赔偿手续办理完毕，方可继续销户流程。

现场发现窃电或违约用电的，应保护现场并立即联系用电检查人员到场核实确认，暂缓办理销户业务，待窃电或违约用电行为处理完毕后继续办理。

现场勘查后需停分界设备后方能拆除计量装置，营销工作人员应通过系统协同流程或工作联系单等方式，通知协同部门人员办理分界点设备停电工作。

经现场勘查具备直接拆除计量装置销户条件的，现场工作人员应当场完成计量装置拆除工作；对于需停分界设备方能拆除计量装置的，应在分界设备停电操作后，通知相应人员现场拆除计量装置。

现场拆除计量装置后，应准确记录表计底度、拆表时间等信息，并由用户在纸质电能计量装接单或者移动作业终端上签字（电子签名方式）确认表计底度。

系统计算拆表后电费，用户结清电费后完成销户流程。

检查用户是否存在预收电费余额，若有预收电费余额，通知用户办理退费手续。

（二）高压销户

受理时应特别注意以下事项与低压销户相同。

现场工作人员按照与用户约定的时间，完成现场勘查工作，并填写现场勘查单或录入移动作业终端，由用户签字（或者电子签名方式）确认。现场勘查记录应完整、翔实、准确，核对用户名称、用电地址、容量、用电性质信息与勘查单上的资料是否一致。

现场勘查时，应核实计量装置是否运行正常，若发现电表等计量装置损坏或丢失，应通知用户到营业窗口办理赔偿手续。赔偿手续办理完毕，方可继续销户流程。

现场勘查具备销户条件的，用电检查人员应对用户进线开关做封停处理，并通过系统协同或工作联系单等方式，通知协同部门人员办理分界点设备停电工作。

确认现场分界设备已停电后，通知计量人员现场拆除计量装置及采集终端设备，高压销户从"业务受理"到"计量装置及采集终端拆除"需在 10 个工作日内完成。

现场拆除计量装置后，应准确记录表计底度、拆表时间等信息，并由用户在纸质电能计量装接单或者移动作业终端上签字（电子签名方式）确认表计底度。

系统计算拆表后电费，用户结清电费后完成销户流程。

检查用户是否存在预收电费余额，若有预收电费余额，通知用户办理退费手续。

十三、改压

《供电营业规则》（电力工业部令第 8 号）第三十四条规定，用户改压（因用户原因需要在原址改变供电电压等级），应向供电企业提出申请。供电企业应按下列规定办理：

（1）改为高一等级电压供电，且容量不变者，免收其供电贴费。超过原容量者，超过部分按增容手续办理。

（2）改为低一等级电压供电时，改压后的容量不大于原容量者，应收取两级电压供电贴费标准差额的供电贴费。超过原容量者，超过部分按增容手续办理。

（3）改压引起的工程费用由用户负担。

由于供电企业的原因引起用户供电电压等级变化的，改压引起的用户外部工程费用由供电企业负担。

办理改压业务的较少。

供电企业在受理改压时，还要注意改压后供电点有无变化，要考虑客户线路架设应符合安全技术规定，并重新核定改压后客户电价，签订供用电合同。对较大的动力客户，还应同时注意因改压引起的计量方式和运行方式的变化。

十四、改类

《供电营业规则》（电力工业部令第 8 号）第三十五条规定，用户改类，须向供电企业提出申请，供电企业应按下列规定办理：

（1）在同一受电装置内，电力用途发生变化而引起用电电价类别改变时，允许办理改类手续。

（2）擅自改变用电类别，应按本规则第一百条第 1 项处理。

《供电营业规则》（电力工业部令第 8 号）第一百条第 1 项规定，在电价低的供电线路上，擅自接用电价高的用电设备或私自改变用电类别的，应按实际使用日期补交其差额电费，并承担二倍差额电费的违约使用电费。使用起讫日期难以确定的，实际使用时间按三个月计算。

办理改类的业务较多。

（一）业务受理

改类申请采用营业厅受理和电子渠道受理（简称线下和线上）两种方式。通过线下和线上受理的申请，分别由营业厅受理人员和线上业务处理人员负责确认资料的有效性和完整性。

受理用户申请时，应主动向用户提供用电咨询服务，履行一次性告知义务。

受理时应特别注意以下事项：

（1）在同一受电装置内，电力用途发生变化而引起用电电价类别改变时，允许办理改类手续。

（2）擅自改变用电类别，应按违约用电处理。

（3）用户同一自然人或同一法人主体的其他用电地址的电费交费情况正常，如有欠费则应给予提示。

用户申请符合条件后，由营业厅受理人员或线上业务处理人员在营销系统内发起正式流程，并发送至下一环节。

1. 改类—基本电价计费方式变更

在受理改类—基本电价计费方式变更时，应特别注意以下事项：

（1）基本电价计费方式变更只适用执行两部制电价的用户。

（2）基本电价计费方式变更周期为按季度变更。用户可提前 15 个工作日向电网企业申请变更下一周期的基本电价计费方式。

（3）用户同一自然人或同一法人主体的其他用电地址的电费交费情况正常，如有欠费则应给予提示。

2. 改类—调需量值

改类—调需量值是指实施两部制电价的用户，根据下个月预计达到的用电最大负荷，申请调整需量核定值的业务。

受理时应特别注意以下事项：

（1）用户可提前 5 个工作日申请。

（2）用户同一自然人或同一法人主体的其他用电地址的电费交费情况正常，如有欠费给予提示。

（3）申请最大需量核定值低于变压器容量和高压电动机容量总和的 40% 时，按容量总和的 40% 核定合同最大需量；对按最大需量计费的两路及以上进线用户，各路进线分别计算最大需量，累加计收基本电费。

（二）现场勘查及表码录入

现场勘查时注意核对现场情况与用户申请类别是否一致，并检查现场是否存在违约用电及窃电情况。现场核实用户表码数字，并由用户在现场勘查工作单或者移动作业终端上签字（电子签名方式）确认表计底度。

（三）计量装置及采集终端安装

若需要换表的，营业厅受理人员与用户预约更换计量装置与采集终端现场作业时间，告知需其配合工作及相关注意事项，并将流程发至现场工作班组（部门），提醒相应人员及时处理。

按照与用户预约的时间完成计量装置与采集终端更换作业，对相关计量设备进行加封，并由用户在纸质电能计量装接单或者移动作业终端上签字（电子签名方式）确认表计底度。

（四）计量装置及采集终端安装

改类业务的合同变更，按照《供用电合同管理实施细则》的要求重新签订供用电合同。

（五）归档

在表码信息录入完成并完成供用电合同签订后，将流程发送至归档环节。时限要求：正式受理后，不需要换表的，在 5 个工作日内归档；需要换表的，在 10 个工作日内归档。

十五、更改交费方式

客户办理更改交费方式业务时，应提供更改交费方式申请书、供用电合同等主要相关资料。

（1）查询客户以往的服务记录，审核客户法人所代表的单位以往用电历史、欠费情况、信用情况，并形成客户相关的附加信息，如有欠费则须缴清欠费后再予以受理。

（2）查验客户资料是否齐全，申请单信息是否完整，证件是否有效。

（3）记录交费方式、相关银行、银行账号、付款单位等信息。

（4）客户办理变更交费方式业务后，及时将客户变更后的交费方式提供给核算管理人员，对未结算的电费，更改的交费方式生效。

十六、计量装置故障

处理计量装置故障业务时，应遵循以下要求：

（1）可停电拆表检验的，应在5日内拆回检验。不能停电拆表检验的，可采取换表或现场检验的方法进行检验。

（2）从拆表到复装的时间不得超过五天。复装时要查清客户是否有自行引入的电源。

（3）经检验合格者，不退验表费。对检验不合格者，验表费退还客户，并办理退补电量手续。

（4）拆回电能计量装置的检验结果，由营业厅负责通知客户。

（5）外勤人员在客户处发现计量装置故障时，要根据具体情况填写故障工作单。对发现的故障表（含客户提报的），电能计量管理部门应在3日内进行检查，并在拆表或换表后3日内提出原装电能计量装置检验报告。

（6）用电计量装置损坏或丢失的处理规定：

1）客户必须遵守质量技术监督局联合发布的相关规定。

2）电能计量装置及其封印，应由其所安装点单位或个人对其完好无损负责，并由有权监督供电企业工作人员对其加封。

3）电能计量装置封印具有法律效力，任何人不得擅自启封，因处理设备缺陷、事故等需要启封的，应通知供电企业专业人员到场，否则按窃电处理。

4）若发生计量装置损坏、丢失或封印不全，应于24h内持相关证明及近期电费发票到供电业务大厅办理手续。不办理手续而继续用电者，按窃电处理。

5）客户按规定应赔偿损坏的计量装置，故障期间的用电量按规定追补。

6）属客户私自增容而造成表计损坏者，按违约用电处理。

7）客户弄虚作假或故意损坏计量设施者，一经查出按窃电行为处理。

8）计费电能表装设后，客户应该保护，不应在表前堆放影响抄表和计量准确及安全的物品。如发生计费电能表丢失、损坏和过负荷烧坏等情况，客户应及时通知供电企业，以便供电企业采取措施。如因供电企业责任或不可抗力致使计费电能表出现或发生故障的，供电企业负责换表，不收费用；由于其他原因引起时，客户应负担赔偿费或修理费。

十七、市政代工

根据政府由于市政建设等原因针对供配电设施迁移改造的要求，依据《供电营业规则》（电力工业部令第8号）的有关规定进行业务受理，并组织现场勘察、审批，跟踪供电工程的立项、设计、图纸审查、工程预算、设备供应、工程施工直至最后资料归档的市政代工业务的全过程。市政代工业务的主要要求有：

(1) 充分考虑政府市政代工的用电需求。

(2) 结合政府的总体规划和城市建设要求，保质保量完成工作任务。

(3) 市政代工完整的客户档案应包括用电申请书、项目的有关批文、授权委托书、法人登记证件或委托代理人居民身份证复印件、用电设备清单、用电变更现场勘查工作单。

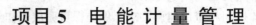

项目5 电能计量管理

➤ 清楚电能计量装置管理的概念。

➤ 熟悉电能计量装置技术要求。

➤ 清楚电能计量装置投运前管理、运行管理、计量检定、计量印证等。

➤ 了解电能计量的统计分析与评价。

能力目标

➤ 能为客户配置电能计量装置。

➤ 能计算电能计量的主要指标。

模块一 电能计量装置管理的概念

【模块描述】 本模块介绍电能计量装置管理的概念、电能计量机构及其职责。通过学习，熟悉电能计量装置管理的基本内容。

一、电能计量装置管理的概念

电能计量装置是由各种类型的电能表或与计量用电压互感器、电流互感器（或专用二次绕组）及其二次回路相连接组成的用于计量电能的装置，包括电能计量柜（箱、屏）。

电能计量装置管理必须遵守《中华人民共和国计量法》《中华人民共和国电力法》及相关法律、法规的有关规定，并接受国家计量、电力行政主管等有关部门的监督。

电能计量装置管理的目的是保证电能量值的准确性、溯源性，保障电能计量装置安全可靠运行。

电能计量装置技术管理包括计量点、计量方式、计量方案的确定和设计审查，电能计量装置的安装、竣工验收、运行维护、现场检验、故障处理，电能计量器具的选用、订货验收、计量检定、存储与运输、运行质量检验、更换、报废的全过程及其全寿命周期管理，以及与电能计量相关设备的管理。

电能计量装置技术管理以供电营业区划分范围，以电网企业、发电企业、供电企业管理为基础，以分类、分工、监督、配合、统一归口管理为原则。

二、电能计量机构及其职责

（一）电网企业

电网企业应有电能计量技术管理机构，负责本供电营业区内电能计量装置的业务归口管理，并配置电能计量专职人员，处理日常电能计量技术管理工作。

1. 技术机构

电网企业应设立本网电能计量技术机构，应有满足各项计量检定、试验等工作需要的场所和设备，并配置满足工作需要的各类电能计量专业技术人员，负责处理疑难计量技术问题，管理维护计量标准装置、标准器和电能计量管理信息系统，开展技术培训等工作。

2. 职责

电网企业电能计量装置技术管理职责如下：

（1）贯彻执行国家计量工作方针、政策、法律法规、行业管理及其上级的有关规定，制定本网电能计量发展规划和各项规章制度、技术规范，并严格实施。

（2）制定本网电能计量标准体系建设规划，建立、使用和维护本网最高电能计量标准；建立符合 JJF 1069—2012《法定计量检定机构考核规范》规定的计量技术机构管理体系，并依法取得计量授权。

（3）制定并实施本网电能计量管理信息系统的建设与发展规划。

（4）组织制定并实施本网贸易结算及考核电力系统经济技术指标的电能计量装置和电能信息采集与管理系统的配置、更新与发展规划。

（5）建立、使用和维护电能计量器具常规性试验设备，开展电能计量器具、电能信息采集终端的选型试验、验收检测和运行质量检验。

（6）按规定电压等级和重要程度参与电力建设工程、用电业扩工程供电方案中电能计量点、计量方式的确定，组织电能计量和电能信息采集方案的设计审定，开展重要关口和电力用户电能计量装置的竣工验收、现场检验、更换和故障查处。

（7）依据计量授权项目和范围开展量值溯源、量值传递、标准比对、实验室能力验证、计量检定、校准等工作，督导所辖供电企业建立、使用、维护电能计量工作标准和计量检定等工作。

（8）负责电能计量器具验收、检测、入库、存储、配送及其报废的技术鉴定和统一管理。

（9）负责 220kV 及以上电压、电流互感器和 5000A 及以上电流互感器的计量检定（含现场检验）。

（10）组织本网电能计量重大故障、差错和窃电案件的调查与处理，负责本网有疑义的电能计量装置的技术分析、检定/校准和检测工作。

（11）开展各类计量测试设备、仪器仪表的全寿命周期管理。

（12）负责本网各类电能计量印证的统一定制、使（领）用和监督管理。

（13）开展本网电能计量技术监督，以及各类在用电能计量器具、电能信息采集终端的抽样检验、质量监督与评价工作。

（14）收集并汇总电能计量技术情报与新产品信息，制定并实施本网电能计量技术改进与新技术推广计划，开展电能计量技术研究、技术咨询和技术服务。

（15）开展本网电能计量技术业务培训与经验交流活动。

（16）负责本网电能计量技术管理方面的统计、分析、总结和评价。

（17）完成其他电能计量工作。

（二）供电企业

供电企业应有电能计量技术管理机构，负责本供电营业区内电能计量装置的业务归口管理，并配置电能计量专职人员，处理日常电能计量技术管理工作。

1. 技术机构

供电企业电能计量技术机构的基本要求：电能计量技术机构应有满足各项工作需要的场

所和设备，并配置满足工作需要的各类电能计量专业技术人员，负责处理疑难计量技术问题，管理维护计量标准装置、标准器和电能计量管理信息系统，开展技术培训等工作。

2. 职责

供电企业电能计量装置技术管理职责如下：

（1）贯彻执行国家计量工作方针、政策、法律法规、行业管理及其上级的有关规定和工作部署，根据工作需要制定并实施本企业电能计量管理制度、技术规范和工作标准。

（2）制定并实施本供电营业区域内电能计量装置和电能信息采集系统的配置、更新与发展规划。

（3）按照国家电能计量检定系统表和本网电能计量标准建设规划，建立、使用和维护电能计量工作标准；建立符合JJF 1069—2012《法定计量检定机构考核规范》规定的计量技术机构管理体系，负责计量技术机构和计量标准的考核申请工作，并依法取得计量授权。

（4）按照计量授权项目、范围，根据要求开展电能计量器具的检定、校准、试验和其他计量测试等技术性工作，监督检查新购入电能计量器具的质量及运行状况。

（5）参与电力建设工程、发电企业并网、用电业扩工程中有关电能计量点、计量方式的确定，电能计量和电能信息采集方案的设计审定，开展电能计量装置、电能信息采集终端的竣工验收。

（6）负责电能计量装置的安装和现场检验、运行质量检验、更换和维护，以及电能信息采集终端的安装和运行维护管理。

（7）编报电能计量设备和电能信息采集终端的需求或订货计划，参与电能计量器具的选用，开展电能计量器具的验收、检测、入库、存储、配送和接收等工作。

（8）组织电能计量故障、差错和窃电案件的调查与处理，负责本供电营业区内有疑义的电能计量装置的检定/校准、检测和技术处理。

（9）管理和使（领）用电能计量印证。

（10）收集、汇总电能计量技术情报与信息，制定并组织实施电能计量技术改进和新技术推广计划。

（11）负责电能表、互感器和计量标准设备的停用及报废管理。

（12）开展本企业电能计量技术业务培训与经验交流活动。

（13）负责本企业电能计量技术管理方面的统计、分析、总结和评价。

（14）完成其他电能计量工作。

（三）发电企业

发电企业应有电能计量技术管理机构，负责本企业电能计量装置的业务归口管理，并配置电能计量专职人员，处理日常电能计量技术管理工作。

1. 技术机构

发电企业宜设立电能计量技术机构，有满足各项计量检定、试验等工作需要的场所和设备，并配置满足工作需要的各类电能计量专业技术人员。

2. 职责

发电企业电能计量装置技术管理职责如下：

（1）贯彻执行国家计量工作方针、政策、法律法规、行业管理及其上级的有关规定，制定并实施本企业电能计量技术管理的各项规章制度、技术规范和工作标准。

（2）建立、使用、维护和管理本企业电能计量标准。

（3）配合电网企业开展本企业贸易结算用电能计量装置的竣工验收、现场检验、更换和故障处理，并负责其监护工作。

（4）负责除贸易结算以外其他电能计量装置的检定、校准、安装和运行维护等工作。

（5）负责本单位电能计量技术管理方面的统计、分析、总结和评价。

（6）完成其他电能计量工作。

模块二　电能计量装置技术要求

【模块描述】　本模块介绍电能计量装置分类、准确度等级、接线方式及配置原则。通过学习，学会为客户配置电能计量装置。

一、电能计量装置分类

（一）电能计量点的分类

计量点是电能计量装置的安装位置。电能计量装置原则上应安装在供电设施的产权分界处。计量点分为购售电计量点和关口计量点。

购售电计量点是供电企业与并网电厂之间、供电企业与用电客户（包括趸售地方电网）之间进行电量贸易结算的计量分界点。购售电计量点原则上设置在供电设施的产权分界处。

关口电能计量点是发电企业与电网经营企业之间、不同电网经营企业之间、电网经营企业与其所属供电企业之间和不同供电企业之间的电量交换点，以及供电企业内部用于经济技术指标分析、考核的电能计量点。

关口计量点的设置原则：联络线单向潮流以送端计量点为关口计量点；双向潮流以两侧计量点均为关口计量点。关口划分由省级电力公司电力营销部及相关部门共同确定。

供电企业与并网发电企业之间、供电企业与其趸售客户之间进行贸易计量的电量分界点既是购售电计量点，又是关口计量点，应按关口计量点进行设置和管理。

（二）电能计量装置的分类

运行中的电能计量装置按计量对象重要程度和管理需要分为五类，分类细则及要求如下：

Ⅰ类电能计量装置：220kV 及以上贸易结算用电能计量装置，500kV 及以上考核用电能计量装置，计量单机容量 300MW 及以上发电机发电量的电能计量装置。

Ⅱ类电能计量装置：110（66）～220kV 贸易结算用电能计量装置，220～500kV 考核用电能计量装置，计量单机容量 100～300MW 发电机发电量的电能计量装置。

Ⅲ类电能计量装置：10～110（66）kV 贸易结算用电能计量装置，10～220kV 考核用电能计量装置，计量 100MW 以下发电机发电量、发电企业厂（站）用电量的电能计量装置。

Ⅳ类电能计量装置：380～10kV 电能计量装置。

Ⅴ类电能计量装置：220V 单相电能计量装置。

二、准确度等级

各类电能计量装置配置准确度等级要求如下：

（1）各类电能计量装置应配置的电能表、互感器准确度等级应不低于表 5-1 所示值。

表 5 - 1　　　　　　　　　　　　　　　　准确度等级

电能计量装置类别	准确度等级			
	电能表		电力互感器	
	有功	无功	电压互感器	电流互感器
Ⅰ	0.2S	2	0.2	0.2S
Ⅱ	0.5S	2	0.2	0.2S
Ⅲ	0.5S	2	0.5	0.5S
Ⅳ	1	2	0.5	0.5S
Ⅴ	2	—	—	0.5S

注　发电机出口可选用非 S 级电流互感器。

（2）电能计量装置中电压互感器二次回路电压降应不大于其额定二次电压的 0.2%。

三、电能计量装置接线方式

电能计量装置接线方式规定如下：

（1）电能计量装置的接线应符合 DL/T 825—2021《电能计量装置安装接线规则》的要求。

（2）接入中性点绝缘系统的电能计量装置，应采用三相三线有功、无功或多功能电能表。接入非中性点绝缘系统的电能计量装置，应采用三相四线有功、无功或多功能电能表。

（3）接入中性点绝缘系统的电压互感器，35kV 及以上宜采用 Yy 方式接线；35kV 以下的宜采用 Vv 方式接线。接入非中性点绝缘系统的电压互感器，宜采用 Y_0y_0 方式接线，其一次侧接地方式和系统接地方式相一致。

（4）三相三线制接线的电能计量装置，其 2 台电流互感器二次绕组与电能表之间应采用四线连接。三相四线制接线的电能计量装置，其 3 台电流互感器二次绕组与电能表之间应采用六线连接。

（5）在 3/2 断路器接线方式下，参与"和相"的 2 台电流互感器，其准确度等级、型号和规格应相同，二次回路在电能计量屏端子排处并联，在并联处一点接地。

（6）低压供电，计算负荷电流为 60A 及以下时，宜采用直接接入电能表的接线方式；计算负荷电流为 60A 以上时，宜采用经电流互感器接入电能表的接线方式。

（7）选用直接接入式的电能表其最大电流不宜超过 100A。

四、电能计量装置配置原则

电能计量装置配置原则如下：

（1）贸易结算用的电能计量装置原则上应设置在供用电设施的产权分界处。发电企业上网线路、电网企业间的联络线路和专线供电线路的另一端应配置考核用电能计量装置。分布式电源的出口应配置电能计量装置，其安装位置应便于维护和监督管理。

（2）经互感器接入的贸易结算用的电能计量装置应按计量点配置电能计量专用电压、电流互感器或专用二次绕组，并不得接入与电能计量无关的设备。

（3）电能计量专用电压、电流互感器或专用二次绕组及其二次回路应有计量专用二次接线盒及试验接线盒。电能表与试验接线盒应按一对一原则配置。

（4）Ⅰ类电能计量装置、计量单机容量 100MW 及以上发电机组上网贸易结算电量的电能计量装置和电网企业之间购销电量的 110kV 及以上电能计量装置，宜配置型号、准确度等级相同的计量有功电量的主副两只电能表。

（5）35kV 以上贸易结算用电能计量装置的电压互感器二次回路，不应装设隔离开关辅助触点，但可装设快速自动空气开关。35kV 及以下贸易结算用电能计量装置的电压互感器二次回路，计量点在电力用户侧的应不装设隔离开关辅助触点和快速自动空气开关等；计量点在电力企业变电站侧的可装设快速自动空气开关。

（6）安装在电力用户处的贸易结算用电能计量装置，10kV 及以下电压供电的用户，应配置符合 GB/T 16934—2013《电能计量柜》规定的电能计量柜或电能计量箱；35kV 电压供电的用户，宜配置符合 GB/T 16934—2013《电能计量柜》规定的电能计量柜或电能计量箱。未配置电能计量柜或箱的，其互感器二次回路的所有接线端子、试验端子应能实施封印。

（7）安装在电力系统和用户变电站的电能表屏，其外形及安装尺寸应符合 GB/T 7267—2015《电力系统二次回路保护及自动化机柜（屏）基本尺寸系列》的规定，屏内应设置交流试验电源回路及电能表专用的交流或直流电源回路。电力用户侧的电能表屏内应有安装电能信息采集终端的空间，以及二次控制、遥信和报警回路的端子。

（8）贸易结算用高压电能计量装置应具有符合 DL/T 566—1995《电压失压计时器技术条件》要求的电压失压计时功能。

（9）互感器二次回路的连接导线应采用铜质单芯绝缘线。对电流二次回路，连接导线截面积应按电流互感器的额定二次负荷计算确定，至少应不小于 $4mm^2$；对电压二次回路，连接导线截面积应按允许的电压降计算确定，至少应不小于 $2.5mm^2$。

（10）互感器额定二次负荷的选择应保证接入其二次回路的实际负荷在 25%～100% 额定二次负荷范围内。二次回路接入静止式电能表时，电压互感器额定二次负荷不宜超过 10VA，额定二次电流为 5A 的电流互感器额定二次负荷不宜超过 15VA，额定二次电流为 1A 的电流互感器额定二次负荷不宜超过 5VA。电流互感器额定二次负荷的功率因数应为 0.8～1.0；电压互感器额定二次负荷的功率因数应与实际二次负荷的功率因数接近。

（11）电流互感器额定一次电流的确定，应保证其在正常运行中的实际电流达到额定值的 60% 左右，至少应不小于 30%。否则，应选用高动热稳定电流互感器，以减小变化。

（12）为提高低负荷计量的准确性，应选用过载 4 倍及以上的电能表。

（13）经电流互感器接入的电能表，其额定电流宜不超过电流互感器额定二次电流的 30%，其最大电流宜为电流互感器额定二次电流的 120% 左右。

（14）执行功率因数调整电费的电力用户，应配置计量有功电量、感性和容性无功电量的电能表；按最大需量计收基本电费的电力用户，应配置具有最大需量计量功能的电能表；实行分时电价的电力用户，应配置具有多费率计量功能的电能表；具有正、反向送电的计量点应配置计量正向和反向有功电量及四象限无功电量的电能表。

（15）交流电能表外形尺寸应符合 GB/Z 21192—2007《电能表外形和安装尺寸》的相关规定。

（16）计量直流系统电能的计量点应装设直流电能计量装置。

（17）带有数据通信接口的电能表通信协议应符合 DL/T 645—2007《多功能电能表通信协议》及其备案文件的要求。

（18）Ⅰ、Ⅱ类电能计量装置宜根据互感器及其二次回路的组合误差优化选配电能表；

其他经互感器接入的电能计量装置宜进行互感器和电能表的优化配置。

（19）电能计量装置应能接入电能信息采集与管理系统。

模块三　电能计量装置投运前管理

【模块描述】　本模块介绍电能计量装置的设计审查、选型与订货、订货验收、资产管理等，通过学习，熟悉电能计量装置的投运前管理。

一、电能计量装置设计审查

电能计量装置设计审查的基本要求如下：

（1）各类电能计量装置的设计方案应经有关电能计量专业人员审查通过。

（2）电能计量装置设计审查的主要依据为 GB/T 50063—2017《电力装置电测量仪表装置设计规范》、GB 17167—2006《用能单位能源计量器具配备和管理通则》、DL/T 5137—2001《电测量及电能计量装置设计技术规程》、DL/T 5202—2022《电能量计量系统设计规程》及电力营销方面的有关规定。

（3）设计审查的内容：计量点、计量方式、电能表与互感器接线方式的选择，电能表的结构和装设套数的确定，电能计量器具的功能、规格和准确度等级，互感器二次回路及附件，电能计量柜（箱、屏）的技术要求及选用、安装条件，以及电能信息采集终端等相关设备的技术要求及选用、安装条件等。

（4）发电企业上网电量关口计量点、电网企业之间贸易结算电量关口计量点、电网企业及其供电企业供电关口计量点的电能计量装置的设计审查应有电网企业的电能计量专职管理人员、电网企业电能计量技术机构的专业技术人员和有关发电、供电企业的电能计量管理和专业技术人员参加。小规模分布式电源企业计量点电能计量装置的设计审查，宜有所在地供电企业电能计量技术机构专业技术人员参加。

（5）第四条规定以外的其他电能计量装置的设计审查应有相关供电或发电企业的电能计量管理和专业技术人员参加。

（6）凡审查中发现不符合规定的内容应在审查意见中明确列出，原设计单位应据此修改设计。

（7）电能计量装置设计方案的组织审查机构应出具电能计量装置设计审查意见，并经各方代表签字确认。

（8）在与电力用户签订供用电合同、批复供电方案时，电能计量点和计量方式的确定及电能计量器具技术参数的选择等内容应由电能计量技术管理机构的专职工程师负责审查。

二、电能计量器具选型与订货

电能计量器具选型与订货的基本要求如下：

（1）电力企业应不定期开展电能计量器具选型。选型依据为相关电能计量器具的国家或国际标准、电力行业标准，以及本企业特殊要求和以往现场运行监督情况等。

（2）电能计量技术机构应根据电力建设工程、用户业扩及专项工程和正常更换的需要编制常用电能计量器具的需求或订货计划。

（3）电力建设工程中电能计量器具的订货，应根据审查通过的电能计量装置设计所确定的功能、规程、准确度等级等技术要求组织招标订货。

（4）订货合同中电能计量器具的技术要求应符合国家标准、国际标准和电力行业其他相关标准的规定。

（5）订购的电能计量器具应取得符合相关规定的型式批准（许可），具有型式试验报告、订货方所提出的其他资质证明和出厂检验合格证等。

（6）电网企业或供电企业首次选用的电能计量器具宜小批量试用，并应加强订货验收和现场运行监督。

三、电能计量器具订货验收

电能计量器具订货验收的基本要求如下：

（1）电力企业应制定电能计量器具订货验收管理办法。购置的电能计量器具和与之配套的电能信息采集终端应由电能计量技术机构负责验收。

（2）验收内容：装箱单、出厂检验报告（合格证）、使用说明书、铭牌、外观结构、安装尺寸、辅助部位，以及功能和技术指标测试等。验收项目均应符合订货合同的要求。

（3）电力建设工程订购的电能计量器具，宜由工程所在地依法取得计量授权的电力企业电能计量技术机构进行检定或校准。

（4）首次批量购入的电能计量器具应先随机抽取 6 只以上进行全面的、全性能检测，全部合格后再按第五条的要求进行验收。

（5）2 级交流电能表的订货验收，应符合 GB/T 17215《交流电测量设备》系列标准和电力行业的有关规定；0.2S 级、0.5S 级、1 级和 2 级静止式交流电能表的订货验收，应符合 GB/T 17215《交流电测量设备》系列标准和电力行业的有关规定。其他类型的电能计量器具，参照 GB/T 17215《交流电测量设备》系列标准或 GB/T 2828.2—2008《计数抽样检验程序　第 2 部分：按极限质量 LQ 检索的孤立批检验抽样方案》的抽样方法进行抽样，其检验项目和技术指标参照相应产品的国家标准或国际标准、电力行业标准的规定或订货合同的约定进行验收。

（6）经验收的电能计量器具应出具验收报告。验收合格的办理入库手续，验收不合格的由订货单位负责更换或退货。

四、资产管理

（一）基本要求

电网企业和发电、供电企业应制定电能计量资产管理制度，其内容主要包括标准装置、标准器具、工作计量器具、试验用仪器仪表和在用计量器具等的购置、入库、保管、领用、转借、调拨、运行、更换、停用、报废和清仓查库等。

电能计量技术机构应设置专人负责资产管理，宜设立陈列室，收集不同时期有代表性的各类计量器具等史料，建立本企业电能计量技术管理年鉴。

（二）资产信息

电能计量资产信息技术管理的基本要求如下：

（1）电能计量技术机构应采用信息化技术手段收集、存储电能计量资产基本信息，实现电能计量资产管理的信息化，并与相关专业信息共享。

（2）每一资产应有唯一的资产编号。资产编号应采用条形码或其他可靠易识读的技术，将其标注在显要位置。

（3）资产信息应可方便地按制造厂名、类别、型号、规格和批次等进行查询和统计。

（4）每年应定期对资产及其基本信息进行清点，做到资产信息与实物相符。

（三）库房管理

电能计量器具库房管理的基本要求如下：

（1）电网企业根据工作需要宜采用自动化仓储技术和现代物流系统建设集约高效的智能化仓储设施，实现电能计量器具仓储及其过程控制（自动装箱、自动拆箱、自动转运、自动配表、自动盘点和预警、自动出入库、自动定位和查询等）的智能化管理，建立严格的电能计量器具库房管理制度，并配备专人负责日常管理。

（2）电能表、互感器库房的存储温度、湿度应符合国家标准的相关规定，并保持干燥、整洁，具有防尘、防潮、防盐雾和预防其他腐蚀性气体的措施。库房内不得存放与电能计量资产无关的其他任何物品。出入库宜遵循先入先出的原则，库存周期不宜超过 6 个月，库存量应根据使用需求合理调配。

（3）未采用自动化仓储技术存储的，电能计量器具应区分不同状态（待验收、待检、待装、暂存、停用、待报废等）分区放置，并应有明确的分区线和标识。待装的电能计量器具应按类别、型号、规格分区放置在专用货架或周转箱内，周转箱的叠放层数不得影响计量器具的性能，并应方便取用和装车运输。

（四）报废与淘汰

电能计量器具报废与淘汰技术管理的基本要求如下：

（1）下列电能计量器具应予淘汰或报废：

1）经检验、检定不符合相关规定的电能计量器具。

2）功能或性能上不能满足使用及管理要求的电能计量器具。

3）国家或上级明文规定不准使用的电能计量器具。

（2）经批准报废的电能计量器具应及时销毁，防止其回流市场，负责或承担销毁的机构（企业）应具有相应的废物回收处理资质和环保资质。

（五）运输与配送

电能计量器具运输与配送技术管理的基本要求如下：

（1）电能计量技术机构宜配置电能计量器具运输、配送和电能计量装置安装、更换、现场检验所必需的专用车辆，且不准挪作他用。非专用车辆应具备良好的减震和防尘设施。

（2）待装电能表和现场检验用的计量标准器、试验用仪器仪表在运输中应有可靠有效的防震、防尘、防雨措施。经过剧烈震动或撞击后，应重新对其进行检定。

（3）配送装卸过程宜采用自动化或专用机械设备，轻拿轻放，避免碰撞和抛掷。

（4）配送和接收电能计量器具应清点核实，交接人员应在交接单上签字确认，可靠保存。

（六）安装及其验收

（1）电网企业、供电企业应制定电能计量装置安装与竣工验收管理办法。

（2）电能计量装置的安装应严格按照审查通过的施工设计或批复的电力用户供电方案进行，还应遵守如下规定：

1）待安装的电能计量器具应依法取得计量授权的电力企业电能计量技术机构检定合格。

2）电力用户使用的电能计量柜及发、输、变电工程的电能计量装置可由其施工单位负责安装，其他贸易结算用电能计量装置均应由供电企业负责安装。

3）电能计量装置的安装应符合国家及电力行业有关电气装置安装工程施工及验收规范、DL/T 825—2021《电能计量装置安装接线规则》和相关规定。

4）电能表安装尺寸应符合 GB/Z 21192—2007《电能表外形和安装尺寸》的相关规定。

5）电能计量装置安装完工后宜测量、记录并保存电能表和互感器所处位置的三维地理信息数据，应填写竣工单，整理有关的原始技术资料，做好验收交接准备。

（3）电能计量装置投运前应进行全面验收，具体要求如下：

1）电网企业之间、发电企业上网电量的贸易结算用电能计量装置和电网企业与其供电企业供电的关口电能计量装置的验收由当地电网企业负责组织，以电网企业的电能计量技术机构为主，当地供电企业配合，涉及发电企业的还应由发电企业电能计量管理或专业技术人员配合；其他投运后由供电企业管理的电能计量装置应由供电企业电能计量技术机构负责验收，由发电企业管理的用于内部考核的电能计量装置应由发电企业电能计量管理机构负责组织验收。

2）技术资料验收。技术资料验收内容及要求如下：

①电能计量装置计量方式原理图，一、二次接线图，施工设计图和施工变更资料、竣工图等。

②电能表及电压、电流互感器的安装使用说明书、出厂检验报告，授权电能计量技术机构的检定证书。

③电能信息采集终端的使用说明书、出厂检验报告、合格证，电能计量技术机构的检验报告。

④电能计量柜（箱、屏）安装使用说明书、出厂检验报告。

⑤二次回路导线或电缆型号、规格及长度资料。

⑥电压互感器二次回路中的快速自动空气开关、接线端子的说明书和合格证等。

⑦高压电气设备的接地及绝缘试验报告。

⑧电能表和电能信息采集终端的参数设置记录。

⑨电能计量装置设备清单。

⑩电能表辅助电源原理图和安装图。

⑪电流、电压互感器实际二次负载及电压互感器二次回路压降的检测报告。

⑫互感器实际使用变比确认和复核报告。

⑬施工过程中的变更等需要说明的其他资料。

3）现场核查。核查内容及要求如下：

①电能计量器具的型号、规格、许可标志、出厂编号应与计量检定证书和技术资料的内容相符。

②产品外观质量应无明显瑕疵和受损。

③安装工艺及其质量应符合有关技术规范的要求。

④电能表、互感器及其二次回路接线实况应和竣工图一致。

⑤电能信息采集终端的型号、规格、出厂编号，电能表和采集终端的参数设置应与技术资料及其检定证书/检测报告的内容相符，接线实况应和竣工图一致。

4）验收试验。验收试验内容及要求如下：

①接线正确性检查。

②二次回路中间触点、快速自动空气开关、试验接线盒接触情况检查。

③电流、电压互感器实际二次负载及电压互感器二次回路压降的测量。

④电流、电压互感器现场检验。

⑤新建发电企业上网关口电能计量装置应在验收通过后方可进入 168h 试运行。

5）验收结果处理。验收结果的处理应遵守如下规定：

①经验收的电能计量装置应由验收人员出具电能计量装置验收报告，注明"电能计量装置验收合格"或者"电能计量装置验收不合格"。

②验收合格的电能计量装置应由验收人员及时实施封印；封印的位置为互感器二次回路的各接线端子（包括互感器二次接线端子盒、互感器端子箱、隔离开关辅助触点、快速自动空气开关或快速熔断器和试验接线盒等）、电能表接线端子盒、电能计量柜（箱、屏）门等；实施封印后应由被验收方对封印的完好签字认可。

③验收不合格的电能计量装置应由验收人员出具整改建议意见书，待整改后再行验收。

④验收不合格的电能计量装置不得投入使用。

⑤验收报告及验收资料应及时归档。

模块四　电能计量装置运行管理

【模块描述】　本模块介绍电能计量装置的基本要求、运行维护及故障处理、现场检验、运行质量检验、更换等，通过学习，熟悉电能计量装置的运行管理。

一、基本要求

电网企业及发、供电企业应及时收集、存储电能计量装置各类基础信息、验收检定数据、历次现场检验数据、临时检定数据、运行质量检验数据、故障处理情况记录、电能表记录数据和运行工况等信息，开展电能计量装置运行的全过程管理；借助电能信息采集与管理系统、电能量计费系统及与电能计量装置有关的各类信息实现电能计量装置的动态管理；推广应用现代检测技术、通信技术、大数据技术等信息化、智能化技术，建立并不断完善电能计量管理信息系统及其电能计量装置运行数据库，实现对电能计量装置运行工况的在线监测、动态分析与管理，不断探索电能计量装置状态检测技术与方法。

二、运行维护及故障处理

电能计量装置运行维护及故障处理应遵守下列规定：

（1）安装在发、供电企业生产运行场所的电能计量装置，运行人员应负责监护，保证其封印完好。安装在电力用户处的电能计量装置，由用户负责保护其封印完好，装置本身不受损坏或丢失。

（2）供电企业宜采用电能计量装置运行在线监测技术，采集电能计量装置的运行数据、分析、监控其运行状态。

（3）运行电能表的时钟误差累计不得超过 10min。否则，应进行校时或更换电能表。

（4）当发现电能计量装置故障时，应及时通知电能计量技术机构进行处理。贸易结算用电能计量装置故障，应由电网企业或供电企业电能计量技术机构依据《中华人民共和国电力法》及其配套法规的有关规定进行处理。对造成的电量差错，应认真调查以认定、分清责任，提出防范措施，并根据《供电营业规则》（电力工业部令第 8 号）的有关规定进行差错电量计算。

（5）对窃电行为造成电能计量装置故障或电量差错的，用电检查及管理人员应注意对窃电现场的保护和对窃电事实的依法取证。宜当场对窃电事实做出书面认定材料，由窃电方责任人签字认可。

（6）主副电能表运行应符合下列规定：

1）主副电能表应有明确标识，运行中主副电能表不得随意调换，其所记录的电量应同时抄录。主副电能表现场检验和更换的技术要求应相同。

2）主表不超差，应以其所计电量为准；主表超差而副表未超差时，以副表所计电量为准；两者都超差时，以考核表所计电量计算退补电量并及时更换超差表计。

3）当主副电能表误差均合格，但二者所计电量之差与主表所计电量的相对误差大于电能表准确度等级值的 1.5 倍时，应更换误差较大的电能表。

（7）对造成电能计量差错超过 10 万 kWh 及以上者，应及时报告上级管理机构。

（8）电能计量技术机构对故障电能计量器具，应定期按制造厂名、型号、批次、故障类别等进行分类统计、分析，制定相应措施。

三、现场检验

电能计量装置现场检验应遵守下列规定：

（1）电能计量技术机构应制定电能计量装置现场检验管理制度，依据现场检验周期、运行状态评价结果自动生成年、季、月度现场检验计划，并由技术管理机构审批执行。现场检验应按 DL/T 1664—2016《电能计量装置现场检验规程》的规定开展工作，并严格遵守 GB 26859—2011《电力安全工作规程　电力线路部分》及 GB 26860—2011《电力安全工作规程　发电厂和变电站电气部分》等相关规定。

（2）现场检验用标准仪器的准确度等级至少应比被检品高两个准确度等级，其他指示仪表的准确度等级应不低于 0.5 级，其量限及测试功能应配置合理。电能表现场检验仪器应按规定进行实验室验证（核查）。

（3）现场检验电能表应采用标准电能表法，使用测量电压、电流、相位和带有错误接线判别功能的电能表现场检验仪器，利用光电采样控制或被试表所发电信号控制开展检验。现场检验仪器应有数据存储和通信功能，现场检验数据宜自动上传。

（4）现场检验时不允许打开电能表罩壳和现场调整电能表误差。当现场检验电能表误差超过其准确度等级值或电能表功能故障时应在三个工作日内处理或更换。

（5）新投运或改造后的Ⅰ、Ⅱ、Ⅲ类电能计量装置应在带负荷运行一个月内进行首次电能表现场检验。

（6）运行中的电能计量装置应定期进行电能表现场检验，要求如下：

1）Ⅰ类电能计量装置宜每 6 个月现场检验一次。

2）Ⅱ类电能计量装置宜每 12 个月现场检验一次。

3）Ⅲ类电能计量装置宜每 24 个月现场检验一次。

（7）长期处于备用状态或现场检验时不满足检验条件［负荷电流低于被检表额定电流的10%（S 级电能表为 5%）或低于标准仪器量程的标称电流 20% 或功率因数低于 0.5 时］的电能表，经实际检测，不宜进行实负荷误差测定，但应填写现场检验报告、记录现场实际检测状况，可统计为实际检验数。

（8）发、供电企业内部用于电量考核、电量平衡、经济技术指标分析的电能计量装置，宜应用运行监测技术开展运行状态检测。当发生远程监测报警、电量平衡波动等异常时，应在两个工作日内安排现场检验。

（9）运行中的电压互感器，其二次回路电压降引起的误差应定期检测。35kV 及以上电压互感器二次回路电压降引起的误差，宜每两年检测一次。

（10）当二次回路及其负荷变动时，应及时进行现场检验。当二次回路负荷超过互感器额定二次负荷或二次回路电压降超差时应及时查明原因，并在一个月内处理。

（11）运行中的电压、电流互感器应定期进行现场检验，要求如下：

1）高压电磁式电压、电流互感器宜每 10 年现场检验一次。

2）高压电容式电压互感器宜每 4 年现场检验一次。

3）当现场检验互感器误差超差时，应查明原因，制定更换或改造计划并尽快实施；时间不得超过下一次主设备检修完成日期。

（12）运行中的低压电流互感器，宜在电能表更换时进行变比、二次回路及其负荷的检查。

（13）当现场检验条件可比性较高，相邻两次现场检验数据变差大于误差限的 1/3，或误差的变化趋势持续向一个方向变化时，应加强运行监测，增加现场检验次数。

（14）现场检验发现电能表或电能信息采集终端故障时，应及时进行故障鉴定和处理。

四、运行质量检验

电能表运行质量检验应遵守下列规定：

（1）电能计量技术机构应根据电能表检定规程规定的检定周期、抽样方案、运行年限、安装区域和实际工作量等情况，制定每年（月）电能表运行质量检验计划。

（2）运行中的电能表到检定周期前一年，按制造厂商、订货（生产）批次、型号等划分抽样批量（次）范围，抽取其样本开展运行质量检验，以确定整批表是否更换。

（3）抽样方案及抽样结果的判定应符合下列规定。

1）依据 GB/T 2828.2—2008《计数抽样检验程序　第 2 部分：按极限质量 LQ 检索的孤立批检验抽样方案》采用二次抽样方案（见表 5-2）。抽样时应先选定批量（次），然后抽取样本。批量一经确定，不应随意扩大或缩小。

2）选定批量时，应将同一制造厂商、型号、订货（生产）批次和安装地点相对集中的电能表按表 5-2 中的批量范围划分若干批次，再按表 5-2 对应的抽样方案进行抽样、检验和判定。选定的批量应注明抽检批次，存档备查。

表 5-2　　　　　　　　　　　运行电能表二次抽样方案

序号	批量范围	判定方法	抽样方案
1	≤281～1200	n1，Ac1，Re1 n2，Ac2，Re2	32，0，2 32，1，2
2	1201～3200		50，1，4 50，4，5
3	3201～10000	n1，Ac1，Re1 n2，Ac2，Re2	80，2，5 80，6，7
4	10001～35000		125，5，9 125，12，13
5	≥35001		200，9，14 200，23，24

注　n1 代表第一次抽样样本量；n2 代表第二次抽样样本量；Ac1 代表第一次抽样合格判定数；Ac2 代表第二次抽样合格判定数；Re1 代表第一次抽样不合格判定数；Re2 代表第二次抽样不合格判定数。

3）批量（次）确定后，采用简单随机方式从批次中抽取样本。被抽取的样本应先经目测检查，样本应无外力等所致的损坏，且检定封印完好。

4）根据样本运行质量检验的结果，若在第一样本量中发现的不合格品数小于或等于第一次抽样合格判定数，则判定该批表为合格批；若在第一样本量中发现的不合格品数大于或等于第一次抽样不合格判定数，则判定该批表为不合格批。

若在第一样本量中发现的不合格品数，大于第一次抽样合格判定数并小于第一次抽样不合格判定数，则抽取第二样本量进行检验。若在第一和第二样本量中发现的不合格品累计数小于或等于第二次抽样合格判定数，则判定该批表为合格批；若第一和第二样本量中的不合格品累计数大于或等于第二次抽样不合格判定数，则判定该批表为不合格批。

5）判定为合格批的，该批表可以继续运行，两年后再进行运行质量检验；判定为不合格批的，应将该批表全部更换。

6）电能计量技术管理机构专责人，应根据选定的批量用随机方式确定样本，监督抽样检验的实施和判定。

（4）对需判定批量（次）电能表合格与否的，应出具"×××抽检批量（次）运行质量检验报告"，并存档备查。

（5）运行质量检验负荷点及其误差的测定应符合下列规定。

1）运行质量检验的电能表不允许拆启原封印。

2）运行质量检验负荷点：$\cos\varphi = 1.0$ 时，为 I_{max}、I 和 $0.1I$ 三点。

3）运行质量检验的电能表误差应小于被检电能表准确度等级值。误差计算公式为：

$$误差 = \frac{I_{max}\ 时的误差 + 3I\ 时的误差 + 0.1I\ 时的误差}{5}$$

式中　I_{max}——电能表最大电流；

　　　I——I_b（直接接入式电能表基本电流）或 I_n（经互感器接入的电能表额定电流）。

上式中的误差均为其绝对值。

4）电能表日计时误差应不大于 $\pm 0.5s/d$。

5）电能表需量示值误差（%）应不大于被检电能表准确度等级值。

（6）静止式电能表使用年限不宜超过其设计寿命。

五、更换

电能表、低压电流互感器的更换应遵守下列规定：

（1）电能表经运行质量检验判定为不合格批次的，应根据电能计量装置运行年限、安装区域、实际工作量等情况，制定计划并在一年内全部更换。

（2）更换电能表时宜采取自动抄录、拍照等方法保存底度等信息，存档备查。贸易结算用电能表拆回后至少保存一个结算周期。

（3）更换拆回的 Ⅰ～Ⅳ 类电能表应抽取其总量的 5%～10%、Ⅴ 类电能表应抽取其总量的 1%～5%，依据计量检定规程进行误差测定，并每年统计其检测率及合格率。

（4）低压电流互感器从运行的第 20 年起，每年应抽取其总量的 1%～5% 进行后续检定，统计合格率应不小于 98%。否则，应加倍抽取和检定，统计其合格率，直至全部更换。

模块五　电能计量检定

【模块描述】　本模块介绍电能计量检定的环境条件及设施、计量标准、检定人员、计量检定、临时检定等，通过学习，熟悉电能计量检定。

一、环境条件及设施

电能计量检定的环境条件及设施应满足如下要求：

（1）电能计量技术机构应建立满足工作要求的各类检定实验室，制定并严格执行检定实验室管理制度。

（2）电能表检定宜按单相、三相、常规性能试验、量值传递及不同准确度等级的区别，分别设置实验室。

（3）电能表、互感器检定实验室和开展常规计量性能试验的实验室，其环境条件应符合有关检定规程和 JJF 1033—2016《计量标准考核规范》的要求。电能表检定及其量值传递的实验室应有良好的恒温性能，温度场应均匀，并应设立与外界隔离的保温、防尘缓冲间。

（4）检定电压互感器和检定电流互感器的实验室宜分开，且应具有足够的安全工作距离，高电压等级的大型互感器检定实验室应配备起吊设备；被检互感器和检定操作台的工作区域应有防爆隔离措施及带自动闭锁机构的安全遮栏。

（5）互感器检修间应有清灰除尘装置及必要的起吊设备。

（6）进入恒温实验室的人员，应穿戴防止带入灰尘的衣帽和鞋子。夏季在恒温实验室工作的计量检定人员应配备防寒服。

二、计量标准

电能计量标准的技术管理应符合如下规定：

（1）电网企业应制定本网各级电能计量技术机构最高计量标准配置规划。原则上最高计量标准等级应根据被检计量器具的准确度等级、数量、测量量程和国家计量检定系统表的规定配置。

（2）电能计量技术机构应制定电能计量标准维护管理制度，建立计量标准装置履历书。每一台/套电能计量标准器或标准装置均应明确其维护管理专责人员。

（3）电能计量标准器应配置齐全。工作标准器的配置，应根据被检计量器具的准确度等级、规格、工作量大小确定。

（4）电能计量标准装置应选用性能稳定、工作可靠、检定效率高并能直接与信息化系统相连接的装置。如自动化检定系统（检定线）、全自动多表位、多功能装置。检定数据应能自动存入电能计量管理信息系统数据库且不被人为改变。

（5）新建和在用电能计量标准必须通过计量标准建标考核（复查）合格并取得计量标准考核证书后才能开展检定工作。电能计量标准建标考核（复查）应遵守 JJF 1033—2016《计量标准考核规范》。

（6）开展电能表检定的标准装置，应按 JJG 597—2005《交流电能表检定装置》的要求定期进行检定，其检定证书应在有效期内。

（7）电能计量标准装置应定期或在其主标准器送检前后进行定期核查，及时收集、存储历次期间核查的信息，考核其稳定性。

（8）电能计量标准装置在考核（复查）期满前 6 个月应申请复查考核；更换主标准器或主要配套设备，以及计量标准的封存与撤销应按 JJF 1033—2016《计量标准考核规范》的规定办理有关手续；环境条件及设施变更时应重新申请考核。

（9）电能计量标准器、标准装置经检定不能满足原准确度等级要求，但能满足低一等级的各项技术指标，并符合 JJG 597—2005《交流电能表检定装置》、JJG 1085—2013《标准电能表检定规程》的有关规定，履行必要的手续后可降级使用。

（10）电能计量标准的溯源性、稳定性、重复性、不确定度等技术指标应符合 JJF 1033—2016《计量标准考核规范》的规定，并根据需要参加计量比对和能力验证。

（11）电能计量标准溯源、量值传递及计量比对和能力验证时，应对计量标准器具的送检及其运输过程实施跟踪管理。

三、检定人员

电能计量检定人员的基本条件及要求为：

（1）从事电能计量检定和校准的人员应具有高中及以上学历，掌握必要的电工基础、电子技术和计量基础等知识，熟悉电能计量器具的原理、结构，能熟练操作计算机，掌握检定、校准的相关知识和操作技能。

（2）每台/套电能计量标准装置应至少配备两名符合规定条件的检定或校准人员，并持有与其所开展的检定或校准项目相一致且有效的资质证书。

（3）电能计量检定人员的考核及复查应按照计量检定人员管理办法进行。

（4）计量检定人员中断检定工作一年以上重新工作的，应进行实际操作考核。

四、计量检定

开展电能计量检定应遵守下列规定：

（1）电能计量检定应执行国家计量检定系统表和计量检定规程。对尚无计量检定规程的，电网企业、发电企业应根据行业标准或产品标准制定相应的检定、校准或检测方法。

（2）检定电能表时，不得开启表盖、清除原检定（合格）封印和/或标记。新购入的电能表检定时宜按照不超出检定规程规定的基本误差限的 70% 作为判定标准。

（3）经检定合格的机电式（感应式）电能表在库房保存时间超过 6 个月以上的，在安装使用前应重新进行检定；经检定合格的静止式电能表在库房保存时间超过 6 个月以上的，在安装使用前应检查表计功能、时钟电池、抄表电池等是否正常。

（4）电能表、互感器的检定原始记录应完整、可靠地保存。最高标准器和工作标准器的检定或校准证书应长期保存，其他在用电能计量器具的检定原始记录至少保存两个检定周期。

（5）经检定合格的电能表、互感器应施加检定封印和/或合格标记。

（6）检定合格的电能表、低压电流互感器应随机抽取一定比例，用稳定、可靠、更高等级的标准装置进行复检，并对照原记录评价检定工作质量及其所选用的电能表、低压电流互感器质量。

（7）电能计量技术机构应优化资源配置，采用现代技术与装备，确保检定质量、提高检定效率，实现检定项目与过程控制的自动化及其检定数据的存储、传输、分析和应用的信息化管理。

五、临时检定

电能计量器具的临时检定应遵守下列规定：

（1）对运行中或更换拆回的电能计量器具准确性有疑问时，电能计量技术机构宜先进行现场核查或现场检验，仍有疑问时应进行临时检定。

（2）电能计量技术机构受理有疑义的电能计量装置检验申请后，对低压和照明用户的电能计量装置，其电能表一般应在 5 个工作日内，低压电流互感器一般应在 10 个工作日内完成现场核查或临时检定；对高压电能计量装置，应在 5 个工作日内依据 DL/T 1664—2016《电能计量装置现场检验规程》的规定先进行现场检验。高压电力互感器的现场检验，应根据电力用户的要求，协商在设备停电检修或计划停电期间进行；现场检验电能表时的负荷电流应为正常情况下的实际负荷，如果误差超差或检验结果有异议时，再进行临时检定。

（3）临时检定电能表，按下列用电负荷测定误差，其误差应小于被检电能表准确度等级值。

1）对高压用户或低压三相供电的用户，一般应按实际用电负荷测定电能表误差，实际负荷难以确定时，应以正常月份的平均负荷测定，即

$$平均负荷 = \frac{正常月份用电量（kWh）}{正常月份的用电小时数（h）}$$

2）对居民用户，一般应按月平均负荷测定电能表误差，即

$$月平均负荷 = \frac{上次抄表期内平均用电量（kWh）}{30 \times 5（h）}$$

3）居民用户的月平均负荷难以确定时，可按下列方法测定电能表误差，即

$$误差 = \frac{I_{max} \text{ 时的误差} + 3I_b \text{ 时的误差} + 0.2I_b \text{ 时的误差}}{5}$$

式中　I_{max}——电能表最大电流；

　　　I_b——电能表基本电流。

各种负荷电流的电能表误差，按功率因数为 1.0 时的测定值计算。

4）临时检定电能表时不得拆启原表封印，检定结果应及时通知申请检验方并存档。临时检定后有异议的电能表、低压电流互感器应至少封存一个月。

5）电能计量装置的现场核查、现场检验结果应及时告知申请检验方，必要时转有关部门处理。

6）临时检定应出具检定证书或检定结果通知书。

模块六　电能计量印证

【模块描述】 本模块介绍电能计量印证种类、计量印证格式、计量印证制作、计量印证使（领）用、计量印证审核与更换等，通过学习，熟悉电能计量印证。

电能计量印证（以下简称计量印证）应归口统一管理。电网企业应制定本企业计量印证管理办法，并组织实施和督导。其电能计量技术机构应结合实际，制定实施细则，明确计量印证的制作、更换、领用、发放、使用权限及违反规定的处罚条款等。

一、计量印证种类

计量印证主要包括：

（1）检定证书。

（2）检定结果通知书（不合格通知书）。

（3）检定合格证（检定合格标记）。

（4）校准证书。

（5）测试（检验、检测）报告。

（6）封印。

根据使用对象、应用场合、封印结构，计量封印分为卡扣式封印、穿线式封印、电子式封印。

1）卡扣式封印的安装位置。安装位置应包括电能表、用电信息采集终端的出厂封印、检定封印及现场封印，计量箱（柜）门的现场封印。

2）穿线式封印的安装位置。安装位置应包括电能表、用电信息采集终端的端子盖、互感器二次端子盒、联合试验接线盒、计量箱（柜）等设备的现场封印。

3）电子式封印的安装位置。安装位置应包括Ⅰ、Ⅱ、Ⅲ电能计量装置及重点关注客户；Ⅳ、Ⅴ类电能计量装置由各级供电企业根据自身购置能力和需要自行确定。

按照使用用途、使用场合和权限，计量封印分为检定合格印、安装封印、现场检验封印、计量管理封印、用电检查封印及抄表封印等。

（7）注销印。

二、计量印证格式

计量印证的格式要求如下：

（1）各类计量证书和报告应符合国家统一的标准格式。对尚无国家统一标准格式的，应参照相关规定统一制定。

（2）封印和注销印的式样应由电网企业、发电企业统一规定。

（3）封印的结构应科学合理、防伪技术先进，宜采用射频识别（RFID）等信息传感技术、国家规定的密钥算法，具有满足需要的信息存储能力。

三、计量印证制作

计量印证的制作应遵守如下规定：

（1）计量印证应定点监制，由电能计量技术机构负责统一制作和管理。

（2）所有计量印证必须统一编号（含计量封钳字头）并备案。编号方式应统一规定。

（3）制作计量印证时应与合作方签订保密协议，其样本、印模等应妥善保管。

（4）封印宜根据适用对象、应用场所及分类管理的需要制作。

（5）新购的封印应进行到货验收、性能检验并登记建档，分类可靠存放。

四、计量印证使（领）用

计量印证的使（领）用应遵守如下规定：

（1）计量印证应由电能计量技术机构的专人负责保管、发放和领用，并定期对使用情况进行核查。具体要求如下：

1）领用人应事先办理申请手续，并经电能计量技术机构负责人审批。领取的印证及其数量应详细登记并可靠保存和使用；印模（封钳）应与领取人签名一起备案。

2）使用人在工作变动时必须交回其所领取而未使用的计量印证。

3）封印的使（领）用应有记录，管理可追溯，责任应落实并可追究。

（2）计量印证的领用发放只限于从事电能计量技术管理、检定、安装、更换、现场检验、抄表的人员。领取的计量印证应与其所从事的工作相符，不允许跨区域或超越其职责范围使用。其他人员严禁领用。

（3）封印应按照使用场所及其工作性质分为实验室和现场工作两类，各专业之间不得混用。具体要求如下：

1）从事检定、校准工作的人员只限于使用检定封印及其合格印；从事安装和更换的人员只限于使用安装封印；从事现场检验的人员只限于使用现场检验封印；电能计量技术机构的主管和电能计量专责人可使用管理封印。

2）抄表封印适用于只有开启电能计量柜（屏、箱）才能进行抄表的人员，且仅限于对电能计量柜（屏、箱）门和电能表的抄读装置施加此类封印。

3）安装封印用于计量二次回路的所有接线端子、电能表接线端子盒及电能计量柜（屏、箱）门等。

4）注销印用于被淘汰的电能计量器具。

5）电能表抽样检验的样本，应由抽样人员及时施加封印或标记。

（4）经实验室检定合格/校准的各类电能计量标准、电能计量器具（含电能表编程盖板）、电压失压计时仪等，应由检定（校准）人员及时施加封印。

（5）现场工作结束后应立即施加相关封印，并应由电力用户或变电运行维护人员在工作票（单）封印完好栏内签字确认。施用各类封印的人员应对其工作负责，电力用户或变电运行维护人员应对检定合格印和各类封印标记的完好负责。

（6）运行中的电能计量装置检定合格印及其他封印标记，未经本单位电能计量技术机构负责人或计量专责人同意不允许启封或清除（确因现场检验工作需要，现场检验人员可启封必要的安装封印），经同意启封或清除的应及时办理或补办备案手续。

（7）经检定、校准的电能计量标准器或标准装置，其检定、校准结果的处理应符合相应检定或校准规程的规定。

（8）经检定的工作计量器具，合格的由其检定人员施加检定合格印，出具检定合格证或施加检定合格标记。对检定结论有特殊要求时，合格的由检定人员施加检定合格封印及其合格标记，出具检定证书；不合格的，出具检定结果通知书（不合格通知书），并清除原检定封印及其检定合格标记。

（9）检定证书、检定结果通知书（不合格通知书）应字迹清楚、数据无误、无涂改，且有检定、核验、授权签字人签字，加盖电能计量技术机构计量检定专用章和骑缝印，并在电能计量管理信息系统中存入备份。

（10）计量封钳的持用人应妥善保管所持封钳。封钳损坏或遗失，以及持用人不再任职与封印使用有关的岗位上缴封钳时，应及时办理登记、审核手续，并采取必要的预防措施。

（11）宜采用现代信息与网络技术，对施加、清除封印的操作予以详细记录，实现封印信息与被加封设备信息的绑定或解除及跟踪查询和统计分析。

五、计量印证审核与更换

计量印证应定期审核、适时更换，具体要求如下：

（1）电能计量技术机构应制定并落实计量印证定期审核制度。每年应对所有计量印证及其使用情况进行一次全面的核查，对发现的问题应及时采取纠正和预防措施。

（2）根据工作需求和防伪技术的进步应及时变更封印，按照相应规定重新设计和制作。

（3）各类封印应清晰完整，发现残缺、磨损、防伪性能缺失的封印应立即停止使用，并及时收回和登记，予以封存或报废处理。更换封印应重新办理领用手续。

（4）拆回的已用封印及不合格、淘汰或者其他原因导致不能使用的未用封印应予以报废。

1）需要淘汰、报废的封印（含印模、封钳）应如数回收和登记。经审批后，及时销毁。

2）封印（含印模、封钳）销毁时应有电能计量专业人员现场监督，并通过影像保留销毁资料。

模块七　电能计量统计分析与评价

【模块描述】　本模块介绍电能计量的主要指标、统计报表等，通过学习，熟悉电能计量统计分析与评价的内容。

积极探索大数据、云计算技术在电能计量装置技术管理中的应用，并依托电能计量信息数据库和电能计量管理信息系统，采用科学的统计分析方法，进行多维度、加权、定量化的综合统计与分析，开展电能计量器具产品质量和寿命周期评价、供应商评价、电能计量装置配置和运行工况评价及技术管理工作质量评价。

电能计量技术机构应定期进行内部评审，验证和评价电能计量装置技术管理的符合性，制定并实施预防和纠正措施，持续改进和提升电能计量装置技术管理水平。内部评审的周期一般不超过 12 个月。

一、主要指标

1. 计量标准溯源性

计量标准溯源性指标包括电能计量标准器、标准装置的周期受检率及周检合格率，其计算公式为：

$$周期受检率 = \frac{实际检定数}{按规定周期应检定数} \times 100\%$$

$$周检合格率 = \frac{实际检定合格数}{实际检定数} \times 100\%$$

电能计量标准器、标准装置的周期受检率应不低于 100%，周检合格率应不低于 98%。

2. 在用计量标准考核（复查）

在用电能计量标准考核（复查）率应为 100%，其计算公式为：

$$考核（复查）率 = \frac{实际考核（复查）数}{规定的应考核（复查）数} \times 100\%$$

3. 现场检验仪器稳定性考核

电能计量技术机构每季度应对电能表、互感器现场检验仪器进行稳定性考核。考核方法参照 JJF 1033—2016《计量标准考核规范》相关规定和相关检定规程进行。

电能表、互感器现场检验仪器稳定性考核率应为 100%。其计算公式为：

$$稳定性考核率 = \frac{实际考核数}{规定的应考核数} \times 100\%$$

4. 电能计量装置配置

电能计量装置配置率应满足 GB 17167—2006《用能单位能源计量器具配备和管理通则》的规定。其中，贸易结算用电能计量装置的配置率应为 100%，考核电力系统经济技术指标用电能计量装置的配置率应不低于 95%。其计算公式为：

$$配置率 = \frac{实际配置数}{规定的应配置数} \times 100\%$$

5. 运行电能计量装置检验

运行电能计量装置检验指标包括电能表、低压电流互感器、高压电力互感器和互感器二次回路的检验率及其合格率。

（1）电能表：

$$运行质量检验率 = \frac{实际被检验数}{应拆回的电能表总数} \times 100\%$$

$$运行质量检验合格率 = \frac{检验合格数}{实际被检验数} \times 100\%$$

宜分别统计Ⅰ～Ⅴ类电能表的运行质量检验率及合格率。

$$现场检验率 = \frac{实际检验数}{应检验数} \times 100\%$$

运行电能表的现场检验率应为 100%。

（2）低压电流互感器：

$$后续检定率 = \frac{实际检定数}{应检定数} \times 100\%$$

$$后续检定合格率 = \frac{检定合格数}{实际检定数} \times 100\%$$

（3）高压电力互感器：

$$现场检验率 = \frac{实际检验数}{应检验数} \times 100\%$$

（4）互感器二次回路：

$$检测率 = \frac{实际检测数}{应检测数} \times 100\%$$

电压互感器二次回路电压降引起误差的检测率应为 100%。

6. 电能计量装置故障率

$$故障率 = \frac{实际发生故障数}{运行电能表和互感器总数} \times 100\%$$

二、统计报表

电能计量技术机构对评价电能计量装置技术管理的各项要素和指标，以及各类计量点、计量资产至少每年统计一次，宜应用电能计量管理信息系统自动生成报表并上报其主管部门。具体统计与上报期限及报表格式与内容，由电网企业、发电企业根据其管理需要自行规定。

项目6 抄 表

> 熟悉抄表的基本概念。
> 了解抄表方式，可以使用抄表机、自动抄表系统进行抄表。
> 清楚抄表管理的内容。
> 了解抄表异常处理。

> 能够使用抄表机、自动抄表系统进行抄表。
> 会对抄表异常进行处理。
> 能够运用电力营销管理信息系统进行抄表流程操作。

模块一 抄表的基本概念

【模块描述】 本模块介绍抄表、台区、抄表段、抄表周期、抄表例日的基本概念，通过学习，可以掌握抄表的主要概念。

一、抄表

抄表，是按规定的抄表周期和抄表例日准确抄录客户用电计量装置记录的数据，据此算出客户当月实用电量、电费，并通知客户缴纳的过程。

每月抄算的用户实用电量，是核算供电公司供电量、售电量和线损率的依据，是各行业售电量统计、分析用户单位产品耗电量及电力电量分配指标考核的依据，也是电费及时回收上缴的依据。

二、台区

在电力系统中，台区是指变压器的供电范围或区域。

供电企业实行分台区管理，台区的供电量、售电量、低压线损率是台区非常重要的考核指标。

一个台区包括多个抄表段。

台区负责人必须严格执行国家电价政策和遵守有关电力营销规章制度，依法管理，并做好以下工作：

（1）负责责任台区的抄表、催缴电费、线损、均价的管理和供用电合同的执行工作。

（2）负责责任台区的用电检查，发现问题及时处理。对客户违章、窃电的处理，必须坚持检查、处理分离原则，现场检查取证后交有关部门按照有关规定处理。

（3）负责责任台区内用电安全宣传与检查工作。

三、抄表段

抄表段的主要内容：管理单位、线路名称、台区名称、抄表段号、客户性质、抄表人员等。

新建抄表段后，给每个抄表段分别派工抄表人员、电费核算人员。

编制抄表段是为了均衡供电营业所月度工作量，根据抄表路径和线损考核的要求安排。

编制原则：本着规范、方便的原则进行，便于计算售电量和线损电量，并且抄表路径为最短。采用手工抄表、抄表机抄表、自动抄表不同抄表方式的客户不可混编在一个抄表段。

一台公用变压器的客户应该编排在同一个或相邻的抄表段内；一个变电站同一条出线的客户应该编排在同一个或相邻的抄表段内；各单位应统一编制抄表段编号。

抄表段设置应遵循抄表效率最高的原则，划分抄表段应综合考虑线路台区、客户类型、抄表周期、抄表例日、抄表方式、地理分布及便于线损管理等因素。

（1）同一抄表段内的电力客户的抄表周期、抄表例日应相同。

（2）抄表段一经设置，应相对固定。调整抄表段应不影响相关客户正常的电费计算。新建、调整、注销抄表段，须履行审批手续。

（3）新装客户应在归档后 3 个工作日内编入抄表段；注销客户应在下一抄表计划发起前撤出抄表段。

四、抄表周期

抄表周期是两次正常抄表结算间隔的时间。

不同性质的客户抄表周期也不尽相同，一经确定，不得随意变更。

抄表周期管理执行以下规定：

（1）抄表周期为每月一次。确需对居民客户实行双月抄表的，应考虑单、双月电量平衡并报省公司营销部批准后执行。

（2）对用电量较大的客户、临时用电客户、租赁经营客户及交纳电费信用等级较低的客户，应根据电费回收风险程度，实行每月多次抄表，并按国家有关规定或合同约定实行预收或分次结算电费。

（3）对高压新装客户应在接电后的当月进行抄表。对在新装接电后当月抄表确有困难的其他客户，应在下一个抄表周期内完成抄表。

（4）抄表周期变更时，应履行审批手续，并事前告知相关客户。因抄表周期变更对居民阶梯电费计算等带来影响的，应按相关要求处理。

（5）对实行远程自动抄表方式的客户，应定期安排现场核抄，核抄周期由各单位根据实际需要确定，10kV 及以上客户现场核抄周期应不超过 6 个月；0.4kV 及以下客户现场核抄周期应不超过 12 个月。

五、抄表例日

抄表例日是对每个抄表客户规定的固定抄表日期，不随月份变化。抄表例日设置应综合考虑抄表工作量、核算工作量、线损波动及电费回收等因素。

抄表例日管理执行以下规定：

（1）35kV 及以上电压等级客户抄表时间应安排在月末 24 点，其他高压客户抄表时间应安排在每月 25 日以后。

（2）对同一台区的客户、同一供电线路的专用变压器客户、同一户号有多个计量点的客户、存在转供关系的客户，抄表例日应安排在同一天。

（3）对每月多次抄表的客户，应按供用电合同或电费结算协议有关条款约定的日期安排抄表。约定的各次抄表日期应在一个日历月内。

（4）抄表例日不得随意变更。确需变更的，应履行审批手续并告知线损相关部门。抄表例日变更时，应事前告知相关客户。因抄表例日变更对阶梯电费计算等带来影响的，应按相关要求处理。

模块二 抄 表 方 式

【模块描述】 本模块介绍抄表方式，通过学习，熟练使用抄表机、自动抄表系统进行抄表。

一、抄表方式

抄表方式主要有以下几种：

（1）使用抄表卡手工抄表方式：抄表员将电能表示数抄录在抄表卡上，回来后由专人录入计算机，这种抄表方式工作效率低、差错率高，目前只在少数农村使用。

（2）使用抄表机红外抄表方式：抄表员运用抄表机，在现场手工将电能表示数输入抄表机，回来后通过计算机接口将数据输入计算机。

（3）小区集中低压载波抄表：通过低压载波等通道传送到安装在小区变电站的集抄器内，抄表人员只需到小区变电站内即可集中采集抄录到该区所有用电户的用电计量装置读数。

（4）远程自动抄表方式：利用负荷控制装置和通信线路自动抄表。

（5）电话抄表：对安装在供电企业变电站内或边远地区用电户变电站内的用电计量装置，可以用电话报读进行抄表，但需定期赴现场进行核对。

（6）委托抄表公司代理抄表：供电公司与抄表公司签订委托抄表公司抄表催费协议书，委托抄表，这是以后会采取的抄表方式。

目前主要使用抄表机、自动抄表系统进行抄表。

二、现场抄表

现场抄表需要使用抄表机。

（一）抄表机

抄表机，又称抄表器，是用于电力抄表用的手持终端，目前被广泛使用。

抄表机是一种专门用来抄电能表指示数的微型计算机数据录入终端，具有抄表、计算、防止估抄、纠错、统计、检索、报警、通信等功能。

抄表机如图 6-1 所示，其硬件包括 CPU、存储器、显示器、键盘、串行通信口、电源监测与失电数据保持等。

抄表机应由专人管理。发放（返还）抄表机时应记录抄表机编码、发放人、领用（返还）人、领用（返还）时间等信息。抄表机发生故障应及时报修，并记录故障信息。抄表机达到使用年限或损坏无法修复应按规定办理报废手续。

图 6-1 抄表机

电力营业管理部门应建立健全抄表机的领用制度及设备档案管理制度,并严禁将抄表机外借。抄表人员在领用抄表机时,应填写抄表机交接记录单。

(二)现场抄表

根据抄表任务安排,下装抄表数据后抄表人员持抄表机到现场抄表,抄表完成上装抄表数据,并将现场发现的异常情况反馈到相关部门。

采用现场抄表方式的,抄表员应到达现场,使用抄表卡或抄表机逐户对客户端用电计量装置记录的有关用电计量计费数据进行抄录。现场抄表工作必须遵循电力安全生产工作的相关规定,严禁违章作业。需要到客户门内抄录的,应出示工作证件,遵守客户的出入制度。

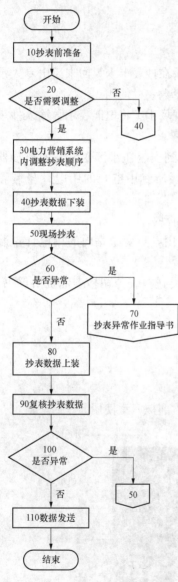

图 6-2　现场抄表工作流程

(1)抄表数据(包括抄表客户信息、变更信息、新装客户档案信息等)下装准备工作、抄表机与服务器的对时工作应在抄表前一个工作日或当日出发前完成,并确保数据完整正确。出发前,应认真检查必备的抄表工器具是否完好、齐全。

(2)抄表时,应认真核对客户电能表箱位、表位、表号、倍率等信息,检查电能计量装置运行是否正常,封印是否完好。对新装及用电变更客户,应核对并确认用电容量、最大需量、电能表参数、互感器参数等信息,做好核对记录。

(3)发现客户电量异常、违约用电或窃电嫌疑、表计故障、有信息(卡)无表、有表无信息(卡)等异常情况,做好现场记录,提出异常报告并及时上报处理。

(4)采用抄表机红外抄表方式的,应在现场完成电能表显示数据与红外抄见数的核对工作。当红外抄见数据与现场不符时,以现场抄见数为准。

(5)抄表计划不得擅自变更。因特殊情况不能按计划抄表的,应履行审批手续。对高压客户不能按计划抄表的,应事先告知客户。

(6)因客户原因未能如期抄表时,应通知客户待期补抄并按合同约定或有关规定计收电费。抄表员应设法在下一抄表日到来前完成补抄。

(7)抄表后应于当日完成抄表数据的上装,上装前应确认该抄表段所有客户的抄表数据均已录入。因特殊情况当日不能完成上装的,须履行审批手续并于次日完成。

(8)对新装客户应做好抄表例日、电价政策、交费方式、交费期限及欠费停电等相关规定的提示告知工作。

现场抄表的工作流程如图 6-2 所示。

三、远程自动抄表系统

远程自动抄表系统需要使用智能电能表。

（一）智能电能表

智能电能表是由测量单元、数据处理单元、通信单元等组成，具有电能量计量、信息存储及处理、实时监测、自动控制、信息交互等功能的电能表。

智能电能表如图 6-3 所示。

三相智能电能表具有的功能有：

（1）RS-485 通信、红外通信接口。

（2）正向有功电能、反向有功电能、四象限无功电能计量功能，可实现组合有功和组合无功的计算和记录等。

（3）具有分时计量功能，有功电能量按相应的时段分别累计并存储总、尖、峰、平、谷电能量，并可计量分相有功电量。

（4）需量测量功能，并可按手动进行需量清零操作。

（5）液晶显示（LCD），可显示电量、时间、表号等信息，有自动循显和按键显示两种模式，显示内容和时间可设置。

图 6-3 智能电能表

（6）时钟、时段、费率功能。

（7）能测量、记录、显示当前电能表的电压、电流、功率等运行参数。

（8）事件记录功能，如编程总次数、校时总次数、失压次数、过负荷总次数、掉电总次数、开盖次数等。

（9）报警、冻结、计时功能。

（10）负荷记录、数据存储、清零功能。

（二）远程自动抄表系统

远程自动（集中）抄表系统是指由主站通过传输媒体（无线、有线、电力线载波等信道或 IC 卡等介质）将多个电能表电能量的记录（窗口值）信息自动抄读的系统。该系统主要由采集用户电能表电能量信息的采集终端（或采集模块）、集中器、信道和主站设备等组成。

低压电力用户远程自动抄表系统主要由用户电能表、台区变压器总表、采集器、近程通信信道、集中器、远程通信信道和主站等设备组成，由主站通过远程通信信道将多个电能表的电能量数据及相关用电信息集中抄读，并能实施用电管理增值服务。

对 10kV 及以上电压等级客户和采集覆盖区域内的 0.4kV 及以下电压等级客户，全部采用远程自动抄表方式。

远程自动抄表系统如图 6-4 所示。

用户用电信息采集系统通过对配电变压器和终端用户的用电数据的采集和分析，实现用电监控、推行阶梯定价、负荷管理、线损分析，最终达到自动抄表、错峰用电、用电检查（防窃电）、负荷预测和节约用电成本等目的。建立全面的用户用电信息采集系统需要建设系统主站、传输信道、采集设备及智能电能表等。

用电信息采集系统的运行考核指标至少应包括采集系统日均采集成功率、设备故障处理及时率、档案数据一致率、数据可用率、数据应用率等。

基于用电采集的远程自动抄表系统工作流程如图 6-5 所示。

采用远程自动抄表方式的，应将原抄表流程中抄表计划制定、抄表数据准备、远程抄表

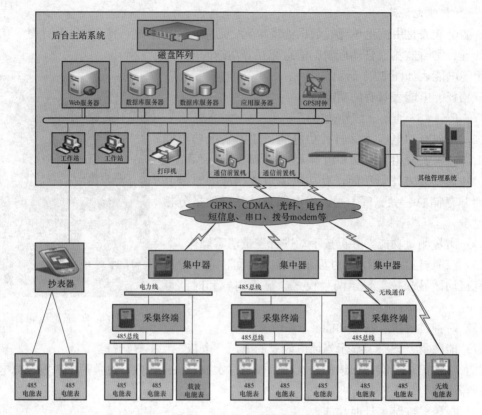

图 6-4   远程自动抄表系统

等环节优化为系统自动实现。

（1）远程抄表前，应监控远程自动抄表流程状况、数据获取情况，对远程自动抄表失败、抄表数据异常的，应立即进行消缺处理。

（2）在采用远程自动抄表方式后的前三个抄表周期内，应每个周期进行现场核对抄表。发现数据异常，立即处理。

（3）正常运行后，对连续三个抄表周期出现抄表数据为零度的客户，应抽取一定比例进行现场核实。其中，10kV 及以上客户应全部进行现场核实；0.4kV 非居民客户应抽取不少于 80％的客户，居民客户应抽取不少于 20％的客户。

（4）当抄表例日无法正确抄录数据时，应在抄表当日安排现场补抄，并立即进行消缺处理。

（5）对远程自动抄表异常客户现场核抄时，如现场抄见读数与远程获取读数不一致，以现场抄见读数为准。

（6）现场补抄数据应采用抄表机红外抄表。

（7）发现客户电能计量装置和采集终端运行异常、营销系统档案与现场不符及有违约用电、窃电嫌疑等异常情况，应做好现场记录、拍照取证，并及时通知相关人员进行处理。

（8）应在抄表例日当天完成现场补抄，并完成抄表数据上传工作。

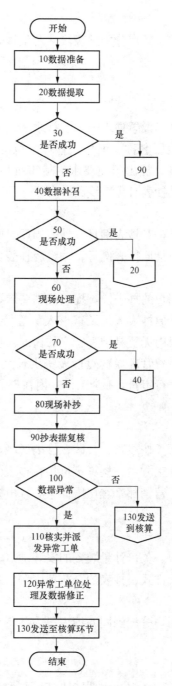

图 6-5　远程自动抄表系统工作流程

模块三　抄　表　管　理

【模块描述】　本模块介绍抄表段管理、抄表机管理、制定抄表计划、抄表、抄表复核、抄表质量指标，通过学习，熟悉抄表管理的主要内容。

一、抄表段管理

抄表段管理包括抄表段维护、新户分配抄表段、调整抄表段、抄表顺序调整、抄表派工等功能。

（一）抄表段维护

抄表段维护可以完成新建抄表段、调整抄表段、注销抄表段等工作。新增、调整或注销抄表段，应履行审批手续，并准确设置抄表方式、抄表周期、抄表例日等抄表段属性。

新建抄表段：主要包括抄表段名称、编号、管理单位等基本信息及抄表方式、抄表例日、抄表周期、配电台区等属性，提出新建要求，待审批后确认新建抄表段基本信息和属性。新增抄表段时要合理地安排抄表日程、线路、台区，新建抄表段完成后，系统自动触发抄表、核算派工流程。

调整抄表段：根据工作需要，对抄表例日、抄表周期、配电台区提出调整要求，待审批后调整抄表段属性，同时建立包括原抄表例日、调整后抄表例日、调整原因、调整日期、调整人员等内容的调整日志。

注销抄表段：对没有抄表用户的抄表段，提出注销要求，待审批后注销抄表段，注销抄表段的历史数据依旧保留（包括原抄表人员及审核人员等信息）。注销抄表段时应确认该抄表段中无客户数据，针对抄表段内无贸易结算客户的情况，应在当月内完成抄表段注销。

营销部（客户服务中心）电费管理专责对抄表班班长/供电营业所所长按线路、台区等发起的新增或注销抄表段申请进行审批，1个工作日内在电力营销系统中完成新增或注销抄表段申请的审批。

（二）抄表核算派工

抄表班班长、供电营业所所长按线路、台区、抄表区域，在抄表例日前5个工作日提出抄表派工申请，确定抄表人员派工方案；核算班班长在抄表例日前5个工作日提出核算派工申请，确定核算人员派工方案；营销部（客户服务中心）电费管理专责负责在1个工作日内审批抄表、核算派工申请。

（三）新户分配抄表段

根据完成业扩报装的新客户、关口计量装置的安装地点、所在供电单位、抄表区域、线路、配电台区及抄表周期、抄表方式、抄表的分布范围等信息，为新户及关口计量点分配抄表段。

不允许将不同抄表方式的用户分配到同一抄表段内，不允许将不同抄表周期的用户分配到同一抄表段内。

二、抄表机管理

抄表机应由专人管理。发放（返还）抄表机时应记录抄表机编码、发放人、领用（返还）人、领用（返还）时间等信息。抄表机发生故障应及时报修，并记录故障信息。抄表机达到使用年限、损坏无法修复按规定办理报废手续。

（一）抄表机的需求计划

供电公司营销部（客户服务中心）电费管理专责根据需求提出本公司抄表机需求计划，明确型号、数量、质量、功能要求等，填制抄表机需求计划，报营销部（客户服务中心）审核、审批。

（二）抄表机的领用和发放

供电公司营销部（客户服务中心）电费管理专责根据抄表机采购数量，拟订抄表机分配计划，并建立抄表机管理台账。

抄表班班长/供电营业所所长根据使用需求，到供电公司营销部（客户服务中心）电费管理专责处领取抄表机，填写抄表机领用单。

抄表班班长/供电营业所所长将领回的抄表机在电力营销系统内进行维护登记，建立抄表机台账并发放到供电公司营销部（客户服务中心）抄表催费人员。

（三）抄表机的使用

供电公司营销部（客户服务中心）电费管理专责定期组织供电公司营销部（客户服务中心）抄表催费人员学习抄表机的使用方法，并对学习效果进行测评，填写考核记录。抄表催费人员按照正确的使用方法使用抄表机。

抄表机使用注意事项有：

（1）抄表机的系统密码由供电公司营销部（客户服务中心）抄表班班长/供电营业所所长管理。

（2）抄表机的系统时间应及时校准，严禁供电公司营销部（客户服务中心）抄表催费人员私自更改抄表机系统时间。

（3）按 10% 准备备用抄表机，以备故障时轮换。

（4）抄表机处于良好状态。

（四）抄表机的维修

抄表催费人员将故障抄表机报供电公司营销部（客户服务中心）抄表班班长/供电营业所所长，供电公司营销部（客户服务中心）抄表班班长/供电营业所所长将收集的故障抄表机报供电分公司营业及电费部电费管理专责，电费管理专责将故障抄表机统一送供应商维修。

电费管理专责对维修好的故障抄表机按要求实施验收，合格后发放至供电公司营销部（客户服务中心）抄表催费人员使用。

（五）抄表机的报废

抄表机的报废原则有：

（1）按照抄表机的使用年限实施报废。

（2）按照抄表机的技术淘汰实施报废。

（3）使用过程中损坏实施报废。

供电公司营销部（客户服务中心）电费管理专责按照上述报废原则实施抄表机报废，建立抄表机报废台账。

（六）抄表机的赔偿

抄表催费人员遗失抄表机，应按照其现值进行赔偿，电费管理专责和抄表班班长/供电营业所所长负责销账。

三、制定抄表计划

制定抄表计划应综合考虑抄表周期、抄表例日、抄表人员、抄表工作量及抄表区域的计划停电等情况。抄表计划全部制定完成后，应检查抄表段或客户是否有遗漏。抄表员应定期轮换抄表区域，除远程自动抄表方式外，同一抄表员对同一抄表段的抄表时间最长不得超过两年。

抄表班班长/供电营业所所长于抄表例日前 1 日，在电力营销系统中检查未启动和未创建的抄表计划，并对未启动的抄表计划进行启动，对未创建的抄表计划人工在系统内创建抄表计划并启动抄表流程。

调整抄表段抄表例日的应保证上次抄表年月与实际上次抄表时间一致，若不一致应进行手工调整。

抄表催费人员在抄表日前 1 日，打印电费缴费通知单。

抄表催费人员于抄表例日前 2 日根据新装、增容及变更用电的情况，判断是否需在电力营销系统中调整抄表路线。

抄表催费人员在电力营销系统内对新装、增容及变更用电的客户抄表路线进行调整，调整抄表顺序务必与确保抄表客户总量的一致，不得遗漏或误删抄表计划。

可以分别按供电单位、抄表段、用户制定正常抄表计划或者临时抄表计划。

四、抄表

新装客户第一次抄表，必须在立户后的一个抄表周期内完成，严禁超周期抄表。

不同的抄表方式的抄表方法不同。

（一）使用抄表机现场抄表

主要包括抄表数据下载、现场抄表机抄表、抄表数据上传等功能，根据抄表任务安排，下载抄表数据后抄表人员持抄表机到现场抄表，抄表完成上传抄表数据，并将现场发现的异常情况反馈到相关部门。

1. 抄表数据下装

抄表催费人员确保抄表机工作状态正常，电池电力充足，按照抄表例日提前 1 天下装抄表工单，完成抄表数据下装后，检查抄表机中应抄户数和电力营销系统中应抄户数是否一致。

2. 使用抄表机现场抄表

抄表催费人员在抄表例日时限内携带抄表机至现场抄表，根据抄表机中客户信息，现场核实客户名称和地址、电价类别、电能表厂名和厂号、户号、装表号、容量、互感器倍率等。

抄表催费人员在将抄表数录入抄表机过程中，应做到：

（1）正确抄读电能表。

（2）若抄表机告警，应再次核实客户信息及电能表读数。

（3）人工判断电量异常的，抄表催费人员应在抄表机中选择"异常"标志。

（4）抄表完成后，应对抄表完成情况进行检查，防止漏抄。

（5）抄不到表的，应及时补抄。

抄表催费人员应根据客户用电情况填写电费缴费通知单并送达客户。

3. 抄表数据上装

抄表催费人员在完成当天抄表工作后，将抄表数据在当天 23：00 前上装回电力营销系统。如因电力营销系统故障，抄表机数据无法上装，由供电公司处理电力营销系统故障，待故障处理完后，再上装回电力营销系统。

（二）使用自动抄表系统采集抄表数据

采集运维人员在用电采集系统中通过抄表数据甄别流程确保数据的合理性，对合理数据进行释放，抄表催费人员将采集的系统数据提取至电力营销系统。

如果数据提取不成功，采集运维人员对采集失败用户进行补召，最多可数据补召 3 次。如果数据补召不成功，进行现场处理，采集故障由采集运维人员处理，表计故障由装表接电人员处理。故障处理时限不超过 24h，且应尽量在最后一次数据发布之前处理完毕。

如果现场处理不成功，抄表催费人员在电力营销系统中拆分工单，将需要补抄的抄表任务下装至抄表机，进行现场补抄。

五、抄表复核

完成数据提取后，在营销系统内进行抄表数据复核。

严禁违章抄表作业，不得估抄、漏抄、代抄。确因特殊情况不能按期抄表的，应及时采取补抄措施。

通过各种抄表方式进行抄表，抄表数据应及时进行复核。发现电量突变或分时段数据不平衡等异常情况，应立即进行现场核实；确有异常时，应提出异常报告并及时处理。

计量在线监测功能包括采集计量装置异常和报警信息，对告警信息进行分析和判断，安排对故障表计的处理，对于有窃电嫌疑的异常，应立即通知用电检查人员进行现场核查处理。

抄表当天应完成全部抄表数据复核工作，并及时将流程转往电费核算环节。

抄表数据应定期进行现场复核，将现场抄表数据与采集数据进行比对。专用变压器用户复核周期不超过 6 个月，低压用户复核周期不超过 1 年。周期复核的同时应完成设备巡视和设备时钟检查工作。

抄表复核主要包括：

（1）保证客户信息与系统档案一致。

（2）对止码下降（翻转）、连续三个周期零电量、突减至零电量、电量波动超阈值等异常情况进行核实。

（3）非抄表数据异常，处理班组在 3 个工作日内完成处理、反馈。

（4）如为抄表数据异常，需在 24h 内处理完毕。

（5）无异常的应在当天发送至核算环节。

六、抄表质量指标

抄表质量指标主要包括实抄率、按时抄表率、抄表正确率、抄表差错率等统计信息。

1. 实抄率

$$实抄率 = \frac{实抄户数}{应抄户数} \times 100\%$$

2. 按时抄表率

$$按时抄表率 = \frac{按抄表例日完成的抄表户数}{计划抄表户数} \times 100\%$$

3. 抄表正确率

$$抄表正确率 = \frac{实抄户数 - 差错户数}{实抄户数} \times 100\%$$

4. 抄表差错率

$$抄表差错率 = \frac{差错户数}{实抄户数} \times 100\%$$

通常要求：高压客户实抄率为 100%，低压客户实抄率为 100%；高压客户抄表差错率为 0%，低压客户抄表差错率小于或等于 0.1%；高压客户按时抄表率为 100%，低压客户按时抄表率为 100%。

模块四　抄表异常处理

【模块描述】　本模块介绍抄表异常，通过学习，了解抄表异常的处理。

一、抄表异常

抄表异常主要包括：

（1）计量装置运行异常、表位异常、铅封不全等。

（2）客户电量突增、突减。

（3）主表与分表的电量关系异常。

（4）客户有违章和窃电行为。

（5）客户用电性质发生变化。

（6）发现不安全的用电行为和安全隐患。

（7）发现应抄客户信息缺失等。

（一）计量装置运行异常

计量装置的检查方法有：

（1）观察电能表运行是否正常。

（2）利用万用表、钳形电流表、相序表等进行测量，并计算表计误差。

（3）检查计量表箱、表箱锁、表计封印是否完好。

（4）检查是否有越表接线和表前导线绝缘层是否有被剥落现象。

计量装置异常的种类有：

（1）构成计量装置的各组成部分出现故障。

（2）用电负荷超量程造成计量装置损坏。

（3）计量装置接线错误。

（4）外界因素造成的计量装置损坏等。

计量装置异常的判断方法有：

（1）通过同期电量对比判断。

（2）通过线损异常判断。

（二）电量异常

电量异常是指在抄表过程中发现电量突增、突减的情况。

1. 电量异常的判断方法

（1）同期电量对比。

（2）表计运行观察。

2. 电量异常处理程序

（1）出现电量异常，抄表人员应该立即进行检查、分析。

（2）如果电量突增/突减是生产性变化引起的，抄表人员就要在抄表卡上注明原因。

（3）如果电量突增/突减是非生产性变化引起的，就存在电量退补的问题。在判断出引起电量变化的原因后，需要一个取证、确认和计算退补电量的过程。

1）勘查、取证。

2）填写工作单。

3）当事人签字认可。

4）更换计量装置。存在故障的计量装置要按规定更换，如果计量装置故障是由于客户引起的，则更换费用由客户承担。

二、抄表异常处理

《供电营业规则》（电力工业部令第 8 号）第七十九条规定，供电企业必须按规定的周期校验、轮换计费电能表，并对计费电能表进行不定期检查。发现计量失常时，应查明原因。用户认为供电企业装设的计费电能表不准时，有权向供电企业提出校验申请，在用户交付验表费后，供电企业应在七天内检验，并将检验结果通知用户。如计费电能表的误差在允许范围内，验表费不退；如计费电能表的误差超出允许范围时，除退还验表费外，并应按本规则第八十条规定退补电费。用户对检验结果有异议时，可向供电企业上级计量检定机构申请检定。用户在申请验表期间，其电费仍应按期交纳，验表结果确认后，再行退补电费。

（一）退补电量的规定

《供电营业规则》（电力工业部令第 8 号）第八十条规定，由于计费计量的互感器、电能表的误差及其连接线电压降超出允许范围或其他非人为原因致使计量记录不准时，供电企业应按下列规定退补相应的电费：

（1）互感器或电能表误差超出允许范围时，以"0"误差为基准，按验证后的误差值退补电量。退补时间从上次校验或换装后投入之日起至误差更正之日止的二分之一时间计算。

（2）连接线的电压降超出允许范围时，以允许电压降为基准，按验证后实际值与允许值之差补收电量。补收时间从连接线投入或负荷增加之日起至电压降更正之日止。

（3）其他非人为原因致使计量记录不准时，以用户正常月份的用电量为基准，退补电量，退补时间按抄表记录确定。

退补期间，用户先按抄见电量如期交纳电费，误差确定后，再行退补。

《供电营业规则》（电力工业部令第 8 号）第八十一条规定，用电计量装置接线错误、熔断器（保险）熔断、倍率不符等原因，使电能计量或计算出现差错时，供电企业应按下列规定退补相应电量的电费：

（1）计费计量装置接线错误的，以其实际记录的电量为基数，按正确与错误接线的差额率退补电量，退补时间从上次校验或换装投入之日起至接线错误更正之日止。

（2）电压互感器熔断器（保险）熔断的，按规定计算方法计算值补收相应电量的电费；无法计算的，以用户正常月份用电量为基准，按正常月与故障月的差额补收相应电量的电费，补收时间按抄表记录或按失压自动记录仪记录确定。

（3）计算电量的倍率或铭牌倍率与实际不符的，以实际倍率为基准，按正确与错误倍率的差值退补电量，退补时间按抄表记录为准确定。

退补电量未正式确定前，用户应先按正常用电量交付电费。

（二）错误接线时差错电量的计算

1. 电量的计算

抄见电量是错误接线期间电能表起止电量示数之差，抄见电量乘以计量倍率得出错误接线期间电量，用 W 表示。

2. 更正系数的计算

更正系数 K 是在同一功率因数条件下，电能表应计量的正确电量 W_0 与错误接线期间电量 W 之比。

$$K = W_0/W = P_0/P$$

式中　K——更正系数；

　W_0——正确计量时所计电能量，即用电负载实际消耗电量；

　W——在错误接线期间电能表测定的电量；

　P_0——正确接线所对应的功率；

　P——错误接线所对应的功率。

更正系数的计算主要有两种方法：

（1）测试法：测试法是用准确度等级较高的标准功率表，测量出错误接线电能表计量的功率，更正接线后再测量正确接线状态下的功率，计算更正系数，此种方法要求功率恒定。

（2）计算法：计算法是先根据错误接线的相量图，求出错误接线时的功率表达式，然后计算更正系数。

常见两种接线方式更正系数计算如下。

1）三相三线接线方式时，更正系数为：

$$K = \frac{P_0}{P} = \frac{\sqrt{3}\,U_1 I \cos\varphi}{U_{12}\,I_1 \cos\varphi_1 + U_{32}\,I_2 \cos\varphi_2}$$

正确接线功率表达式为 $\sqrt{3}U_1 I \cos\varphi$ 按照三相负载对称方式计算，U_1 为线电压。

2）三相四线接线方式时，更正系数为：

$$K = \frac{P_0}{P} = \frac{3\,U_P I \cos\varphi}{U_1\,I_1 \cos\varphi_1 + U_2\,I_2 \cos\varphi_2 + U_3\,I_3 \cos\varphi_3}$$

正确接线功率表达式为 $3\,U_P I \cos\varphi$ 按照三相负载对称方式计算，U_P 为相电压。

3. 差错电量 ΔW 的计算

$$\Delta W = W_0 - W = KW - W = (K-1)W$$

如果 ΔW 大于 0，则说明少计量，用电客户应补交电量电费；如果 ΔW 小于 0，则说明多计量，供电企业应退还用电客户补交电量电费。

4. 比较法

比较法，又称估算法，在难以推导出电量更正系数的情况下，利用此方法推算出需退补的电量值。主要有以下几种方式：

（1）以电能量采集系统的有关数据为参考，并综合考虑正常时期电力线路同比功率时的计量状况，推算出需退补的电量值。

（2）以下一级或对侧电能计量装置所计电量为基准，并考虑相应的损耗等情况。

（3）以计量正常月份电量或同期正常月份电量为基准，以及用户值班记录、用电负荷等情况，进行综合考虑，推算出需退补的电量值。

（4）以更正后的计量装置所计电量（一般为一个抄表周期）为基准，以及用电负荷等情况，进行综合考虑，推算出需退补的电量值。

（5）以同一计量装置中其他正确计量单元（设备）或以主（副）计量装置正确计量的电量为基准，以及用户值班记录、用户负荷等情况，进行综合考虑，推算出需退补的电量值。

（三）抄表异常处理

抄表人员发现抄表异常情况应填写异常处理工作单，在 1 个工作日内按抄表异常作业指导书向相关专业部门传递信息，进行相应处理。抄表人员应关注异常处理的落实情况，若异常情况影响当期电费发行，相关班组应在 3 个工作日内反馈核实结果。

抄表人员按表计的实际情况触发抄表复核异常处理流程，抄表班班长/供电营业所所长按抄表人员的描述进行判断，并当日分派工单到用电检查班班长，由用电检查班班长向用电检查工派工，抄表班班长/供电营业所所长对异常工单的处理进行跟踪和时限管控。

用电检查工/反窃电工按专业要求完成专项检查、违章窃电、计量故障、表后线错接等业务处理，在 3 个工作日内反馈处理结果给抄表催费人员，抄表催费人员接到处理结果后应当日完成电费抄表和核算流程。

抄表人员发现窃电和违章用电，应保护好现场，立即通知用电检查人员，并依法做好取证工作。

项目7 电费核算

➢ 清楚电费核算的基本概念、工作内容、工作流程。
➢ 熟悉电量计算、电费计算。
➢ 了解电费核算管理的内容等。

➢ 能够正确计算电量、电费,进行电费核算。
➢ 能够运用电力营销管理信息系统进行电费核算流程操作。

模块一 电费核算的基本内容

【模块描述】 本模块介绍电费核算的基本概念、工作内容、工作流程,通过学习,可以熟悉电费核算的主要内容。

一、电费核算的基本概念

电费核算是指从电费计算到电费审核最后形成应收电费的全过程管理,是供电公司保证电费回收的一种手段和措施,同时也是电费管理的中枢和核心。

二、电费核算的工作内容

电费核算是电费管理工作的中枢。电费能否按照规定及时、准确地收回,账务是否清楚,统计数据是否准确,关键在于电费核算质量。

电费核算的工作内容主要包括:

(1)充分利用信息系统技术手段,推行抄表数据复核、电量电费审核的系统自动流转,实施系统智能自动核算、人工处理异常的作业模式,不断提高系统自动复核、审核户数比例。

(2)严格电量电费核算管理,确保电量电费核算的各类数据及参数的完整性、准确性。加强电量电费差错管理,因抄表差错、计费参数错误、计量装置故障、违约用电、窃电等原因需要退补电量电费时,应发起电量电费退补流程,并经逐级审批后方可处理。

(3)抄表数据复核结束后,应在24h内完成电量电费计算工作。及时审核新装和变更工作单,保证计算参数及数据与现场实际情况一致。电价、计量及计费参数等与电量电费计算有关的资料录入、修改、删除等作业,均应有记录备查。做好可靠的数据备份和保存措施,确保数据安全。

(4)电量电费核算应认真细致。按财务制度建立应收电费明细账,编制应收电费日报表、日累计报表、月报表,明细账与报表应核对一致,保证数据完整准确。

1)对新装用电客户、变更用电客户、电能计量装置参数变化的客户,其业务流程处理完毕后的首次电量电费计算,应进行逐户审核。对电量明显异常及各类特殊供电方式(如多电源、转供电等）的客户应重点审核。

2）在电价政策调整、数据编码变更、营销业务应用系统软件修改、营销业务应用系统故障等事件发生后，应对电量电费进行试算，并对各电价类别、各电压等级的客户重点抽查审核。

（5）发现电费计算有异常，应立即查找原因，并通知相关部门处理后重新进行电费计算。对电量电费核算过程中发现的问题应按规定的程序和流程及时处理，做好详细记录，并按月汇总形成审核报告。

三、电费核算的工作流程

电费核算的工作流程如图 7-1 所示。

1. 电力营销系统统一电费计算、电费校验

电力营销系统统一进行批处理电费计算情况，按照业务核算规则自动进行电费校验情况，生成需要电费核算人员进行人工核算的系统工单。

2. 电量电费人工审核

电费核算人员在电力营销系统的待办工作单中进行电量电费人工审核。

（1）营销部（客户服务中心）电费核算人员依据高压客户计费信息台账进行逐户、逐项核算。

（2）电费核算人员对电力营销系统内未通过核算规则的低压客户进行逐户、逐项核算。

（3）电费核算人员认真核对其起止示数、电价、装接容量（最大需量）、倍率、功率因数考核标准、代征电费标准、历史用电量、业务变更资料等信息，确保电费计算准确。

（4）与电量电费计算有关的电价、计量及计费参数等资料应在抄表计费前及时传递至电费核算人员。

3. 系统异常处理

对于电量电费审核不通过的工单，电费核算人员触发系统异常处理流程，抄表异常应在 24h 内，其余异常应在 3 个工作日内查明原因并反馈至电费核算人员。

4. 电量电费发行

电力营销系统自动发行电费形成应收电费数据，电费核算人员在电力营销系统内检查其发行结果是否与核算数据一致，确保发行任务的及时性、完整性。

5. 电费核算要求

电费核算员每月电费核算任务完成率为 100%。电费核算员应在抄表复核后 24h 时内完成电量电费计算工作。电费核算员应在抄表复核后 48h 内完成正常计费客户电费发行工作。

电费核算员每月电费差错率应小于等于 0.05%（按户数计算）。

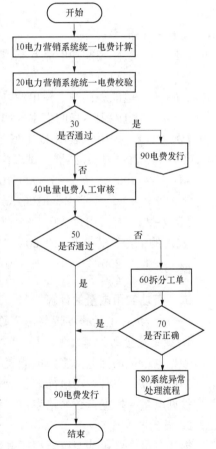

图 7-1　电费核算工作流程

$$电费差错率=\frac{差错电费户数}{用电总户数}\times100\%$$

模块二　电　量　计　算

【模块描述】　本模块介绍倍率的计算、有功实用电量的计算、无功实用电量的计算，通过学习，可以熟悉电量计算的过程。

一、倍率的计算

倍率的计算公式为：

$$B_{\mathrm{L}}=\frac{nK_{\mathrm{I}}K_{\mathrm{U}}}{K_{\mathrm{L}}K_{\mathrm{Y}}}$$

式中　B_{L}——倍率；

K_{I}、K_{U}——实际装配的电流互感器、电压互感器变比（如果电能表直接接入，则$K_{\mathrm{I}}=K_{\mathrm{U}}=1$）；

K_{L}、K_{Y}——电能表铭牌上标出的电流变比、电压变比（如果没有标出，则$K_{\mathrm{L}}=K_{\mathrm{Y}}=1$）；

n——电能表本身的倍率（如果没有标出，则$n=1$）。

【例7-1】　某用户装用 DS1 型三相三线电能表一只，配装 100A/5A 的电流互感器和 35 000V/100V 的电压互感器。试求倍率是多少？

解：$K_{\mathrm{I}}=100/5$，$K_{\mathrm{U}}=35\,000/100$，$K_{\mathrm{L}}=1$，$K_{\mathrm{Y}}=1$，$n=1$

倍率 $=100/5\times35\,000/100=20\times350=7000$

【例7-2】　有一用户装用 DS1 型、400/5A、10 000V/100V 三相三线电能表一只，配装 200A/5A 的电流互感器和 35 000V/100V 的电压互感器。试求倍率是多少？

解：倍率 $=\dfrac{200/5\times35\,000/100}{400/5\times10\,000/100}=\dfrac{40\times350}{80\times100}=1.75$

二、有功实用电量的计算

（一）不执行丰枯峰谷调整电价的用户（无总分表关系）

1. 抄见电量的计算

抄见电量是根据电力客户电能表所指示的数据计算的电量。

抄见读数=当月有功电能表示数-上月有功电能表示数

抄见电量=抄见读数×倍率

2. 损耗电量计算

损耗电量主要包括变压器损耗电量、线路损耗电量。

（1）损耗计收规则。

1）当电能计量装置未安装在产权分界处时，线路与变压器有、无功损耗均须由产权所有者负担（低压供电的公用线路损耗由供电企业负担）。

2）线损的计收采取标准公式或约定比例计算，原则上按照标准公式法计算，对约定比例计算的要有计算依据，并与用户协商确定。

3）变损的计收采取标准公式计算。当用户采取高供低计或高供高计有低压实子表的，应计算用户专用变压器的变损。

4）当需要同时计算变损、线损时，应先计算变损电量，在此基础上，再计算线损电量。

5）线变损电量按带电运行天数计收。一般正常情况下，线变损电量按月计收，新装、增容、变更用电发生月的线变损电量按照"起算止不算"的原则计算。

（2）变压器损耗电量。

变压器损耗，简称变损，包括有功损耗（含铁损、铜损）、无功损耗（含铁损、铜损）。铁损是磁通交变时在铁芯中产生的涡流损耗和磁滞损耗。铜损是电流在变压器一、二次绕组的阻抗上所产生的功率损耗。

变压器损耗电量计算公式有：

有功损耗＝有功空载损耗×24×变压器运行天数＋修正系数 K 值×（有功抄见电量^2＋无功抄见电量^2）×有功负载损耗／（额定容量^2×24×变压器运行天数）

无功损耗＝无功空载损耗×24×变压器运行天数＋修正系数 K 值×（有功抄见电量^2＋无功抄见电量^2）×无功负载损耗／（额定容量^2×24×变压器运行天数）

其中：

1）无功空载损耗＝额定容量×空载电流百分比。

2）无功负载损耗＝额定容量×阻抗电压（短路阻抗）百分比。

3）修正系数 K 值根据供用电合同中约定的生产班制，对无法确定生产班制的应根据月用电量和最大负荷计算用电时间后验证生产班次，确保生产班制与实际基本一致。按照一班制 240h、二班制 480h、三班制 720h，对应的修正系数 K 值分别为 3、1.5、1。

4）变压器运行天数＝变压器带电天数，一般为 720h。

（3）线路损耗电量。

线路损耗电量计算公式为：

$$有功线损 = \frac{单位长度线路电阻 \times 线路长度 \times 10^{-3}}{额定电压^2 \times 线路运行时间} \times$$

$$[（有功总抄见电量＋总有功变损）^2＋（无功总抄见电量＋总无功变损）^2]$$

$$无功线损 = \frac{单位长度线路电抗 \times 线路长度 \times 10^{-3}}{额定电压^2 \times 线路运行时间} \times$$

$$[（有功总抄见电量＋总有功变损）^2＋（无功总抄见电量＋总无功变损）^2]$$

其中：线路运行时间＝线路带电天数，系统配置线路运行时间按生产班次确定，系统默认为三班 720h。

（4）损耗的分摊规则。

每个计费点的线变损按各计费点抄见电量占总抄见电量的比例分摊。

3. 实用电量计算

实用电量的计算公式为：

$$实用电量 = 抄见电量 ＋ 有功损耗 = 抄见读数 \times 倍率 ＋ 有功损耗$$

（二）不执行丰枯峰谷调整电价的用户（总分表关系）

1. 抄见电量的计算

总表抄见电量＝总表抄见读数×倍率

实子表抄见电量＝实子表抄见读数×倍率

虚子表的电量可采取定量或定比的方式，其中定量方式按用户实际可能用电量定量进行分算；定比方式按用户实际可能用电量占总抄见电量或总表扣除实子表剩余电量的比例进行分算。原则上只采取定比方式，虚子表电量应包括线变损电量。

2. 损耗电量计算

损耗电量的分摊规则：

（1）当用户采取高供低计方式，采用实表计量的每个计费点应进行变损的分摊，分摊的原则按照各计费点抄见电量占总抄见电量的比例分摊。当客户未用电时，分摊的原则按照各计量点容量占总容量的比例分摊。

（2）当用户采取高供高计方式，仅低压实子电能表计费点进行变损的分摊，分摊的原则按照低压实子电能表计费点抄见电量占总抄见电量的比例分摊。

（3）对计量装置未安装在产权分界点计收线损的用户，采用实电能表计量的每个计费点应进行线损的分摊，分摊的原则按照各计费点抄见电量占总抄见电量的比例分摊。

（4）如有虚子表，虚子表的电量（定比或定量方式）不参加线变损的有功分摊计算。

3. 实用电量计算

实用电量的计算公式为：

实子表实用电量＝实子表抄见电量＋子表分摊的有功损耗

总表计费点实用电量＝总表的抄见电量＋总表分摊的有功损耗－实子表实用电量－虚子表电量

（三）执行丰枯峰谷调整电价的用户（无总分表关系）

1. 抄见电量的计算

对于执行丰枯峰谷调整电价的客户，抄见电量的计算过程如下：

尖峰抄见读数＝当月电能表尖峰表示数－上月电能表尖峰表示数

高峰抄见读数＝当月电能表峰段表示数－上月电能表峰段表示数

低谷抄见读数＝当月电能表谷段表示数－上月电能表谷段表示数

总抄见读数＝当月电能表总表示数－上月电能表总表示数

总抄见电量＝总抄见读数×倍率

尖峰抄见电量＝尖峰抄见读数×倍率

高峰抄见电量＝高峰抄见读数×倍率

低谷抄见电量＝低谷抄见读数×倍率

平段抄见电量＝总抄见电量－尖峰抄见电量－高峰抄见电量－低谷抄见电量

2. 损耗电量计算

损耗电量的分摊规则有：

（1）分时段实电能表计费点的线、变损电量按照各时段抄见电量占总抄见电量的比例进行分摊。

（2）平段分摊变损电量＝总变损电量－尖峰谷分摊的变损电量。

3. 实用电量计算

实用电量的计算公式为：

尖峰实用电量＝尖峰抄见电量＋尖峰分摊损耗

高峰实用电量＝高峰抄见电量＋高峰分摊损耗

低谷实用电量＝低谷抄见电量＋低谷分摊损耗

平段实用电量＝平段抄见电量＋平段分摊损耗

（四）执行丰枯峰谷调整电价的用户（有总分表关系）

1. 抄见电量的计算

抄见电量的计算过程同上。

2. 损耗电量计算

损耗电量的分摊规则有：

（1）分时段实电能表计费点的线、变损按该计费点各时段的抄见电量扣除相应时段子表（含虚表）抄见电量后的电量占总抄见电量的比例进行分摊。

（2）平段变损电量＝总变损电量－低压实子表变损电量－尖峰谷分摊的变损电量。

如有虚子表，虚子表的电量（定比或定量方式）不参加有功线变损的分摊计算。

虚子表用户总表各时段分摊变损时，各时段变损＝总表各时段电量－各时段应扣减定比定量比例电量／（总表抄见电量－定比定量总电量）。

3. 实用电量计算

实用电量的计算公式为：

尖峰实用电量＝尖峰抄见电量＋尖峰分摊损耗－尖峰子表电量

高峰实用电量＝高峰抄见电量＋高峰分摊损耗－高峰子表电量

低谷实用电量＝低谷段抄见电量＋低谷分摊损耗－低谷子表电量

平段实用电量＝总抄见电量＋平段分摊损耗－尖峰抄见电量－高峰抄见电量－低谷抄见电量－平段子表电量

对总分表，子表为非分时段电表的，总电能表计费点电量分时段扣减其非分时段子表电量的方式如下：

（1）对分时电量难以确定的照明子表，其电量按尖峰、高峰、平段、低谷对应的 0.15：0.35：0.3：0.2 比例分别扣减。对分时电量难以确定的商业子表，参照照明扣减比例进行扣减。

（2）对分时电量难以确定的农业排灌子表，其电量按尖峰、高峰、平段、低谷 1：2：4：3 比例分别扣减。对分时电量难以确定的工业子表参照农业排灌扣减比例进行扣减。

三、无功实用电量的计算

（一）无功抄见电量的计算

无功抄见读数＝当月无功电能表示数－上月无功电能表示数

无功抄见电量＝无功抄见读数×倍率

（二）无功损耗电量的计算

1. 无功损耗计算规则

当电能计量装置未安装在产权分界处时，线路与变压器损耗的无功电量均须由产权所有者负担。

当用户采取高供低计或高供高计（总表非大工业的）有照明表的，须计算用户专用变压器的无功变损。

无功总表电量不够扣减子表电量时，应触发异常工单，根据核实情况，对异常工单进行处理。

2. 无功损耗分摊规则

（1）如照明实子表需分摊无功变损，按照明有功抄见电量占总有功抄见电量的比例分摊。

（2）如照明虚子表需分摊无功变损，按定比或定量的电量占总有功抄见电量的比例
分摊。

（三）无功实用电量计算

无功实用电量＝无功抄见电量＋无功损耗电量

模块三　电　费　计　算

【模块描述】　本模块介绍电价的计算、目录电量电费的计算、基本电费计算、功率因数
调整电费计算、政府性基金及附加费计算、电费的计算，通过学习，可以熟悉电费计算的
过程。

一、电价的计算

（一）丰枯电价计算

平水期电价＝目录电量电价

丰水期电价＝目录电量电价×（1－下浮比例）

枯水期电价＝目录电量电价×（1＋上浮比例）

重庆市规定：平水期电价按照国家现行目录电价执行，丰水期按平水期电价下浮10％，
枯水期按平水期电价上浮20％，作为基准电价。

（二）峰谷电价计算

平段电价＝基准电价＝丰枯电价

尖峰电价＝基准电价×（1＋上浮比例）

峰段电价＝基准电价×（1＋上浮比例）

谷段电价＝基准电价×（1－下浮比例）

1、7、8、12月尖峰电价在基准电价的基础上浮70％，其他月份上浮50％；高峰电价
在基准电价的基础上上浮50％；低谷时段在基准电价基础上下浮50％。

实行丰枯、峰谷电价只包括目录电量电价，不包括基本电价和代收基金及附加。

对实行丰枯、峰谷电价的用户，应在目录电量电价基础上先进行丰枯调整，作为当月的
基准电价，再进行峰谷电价调整。

（三）丰枯峰谷调峰电价的计收规则

1．适用范围

丰枯、峰谷电价是对100kVA及以上的大工业用户、普通工业、非工业用户动力用电执
行，低压动力用电不执行。

趸售单位属于丰枯峰谷调峰电价的范围，在条件成熟的趸售单位执行，以改善电网年负
荷曲线和日负荷曲线。

凡安装了分时计量装置的"一户一表"居民，可执行低谷时段优惠电价，但计费方式1
年之内应保持不变。

对城镇路灯照明（简称路灯）在单独安装分时计量装置后，可暂执行居民生活照明低谷
时段优惠电价。

对"城市光彩工程"用电在单独安装计量装置后，可暂执行居民生活照明低谷时段优惠

电价。

变压器容量在 315kVA 及以上的大型宾馆、酒店的集中制冷、制热中央空调系统和锅炉动力用电，用户可自行选择是否执行峰谷调峰电价，但计费方式 1 年之间应保持不变。

对煤矿、自来水、化肥、电车、农产品批发市场、城区菜市场用电免于实行丰枯峰谷浮动电价。

对基建用电、其他临时用电、防洪抗旱暂免于实行丰枯、峰谷浮动电价。

对民爆器材生产企业用电、污水、污泥处理企业用电暂不实行峰谷浮动电价。

对广播电视台无线发射台（站）、转播台（站）、差转台（站）、监测台（站）免于执行峰谷分时电价。

发电企业启动调试阶段或由于自身原因停运向电网企业购买的生产用电不执行分时电价。

2. 季节、时段的划分

丰枯季节划分如下：将一年 12 个月分为丰水期、平水期、枯水期，平水期为 5、11 月，丰水期为 6～10 月，枯水期为 1～4 月、12 月。

重庆市规定：尖峰时段 19：00～21：00；高峰时段 8：00～12：00，21：00～23：00；平段 7：00～8：00，12：00～19：00；低谷时段 23：00～次日 7：00。

3. 计算规则

（1）大工业、普非工业用户丰枯峰谷调峰电价的计算。

实行丰枯、峰谷电价只包括目录电量电价，不包括基本电价和代收基金及附加。

重庆市规定：平水期电价按照国家现行目录电价执行，丰水期按平水期电价下浮 10%，枯水期按平水期电价上浮 20%，作为基准电价。

基准电价实行峰谷浮动，1、7、8、12 月尖峰电价在基准电价的基础上浮 70%，其他月份上浮 50%，高峰电价在基准电价的基础上上浮 50%，低谷时段在基准电价基础上下浮 50%，平段电价不浮动。

执行调峰电价的用户，应单独安装计费电能表和分时计量装置，以记录总电量和分时段电量。如分线分表有困难，暂实行灯力合表的用户，应扣减其照明电量，当照明分时段电量难以确定时，可在定比定量确定的照明总电量中，按尖峰、高峰、平段、低谷以 1.5：3.5：3：2 的比例分别扣除。若出现某时段不够扣，则由系统自动按照总表各时段电量的比例乘以照明电量分别扣减。

对执行调峰电价的用户，如有转供农业排灌用电的，按尖峰、高峰、低谷、平段 1：2：4：3 比例分别扣减。若出现某时段不够扣，则由系统自动按照总表各时段电量的比例乘以农业排灌电量分别扣减。

对执行调峰电价的用户，需加计线变损电量的。尖峰、高峰、平段、低谷加计电量应按分时段计量装置记录中各时段电量所占比例计算。

（2）趸售用户分时电价计算。

趸售综合电价分为工业用电电价和其他用电电价。对工业用电电价进行丰枯峰谷调整，其他用电电价不进行丰枯峰谷调整。

工业用电分时段电量根据多复费率总表分时段电量和工业用电的比例确定。其他类别用电电量＝多复费率总表电量－工业用电电量。

工业用电丰枯电价的计算：平水期电价按照国家现行趸售目录电价中工业电价执行，丰水期在平水期电价基础上下浮 10%，枯水期在平水期电价基础上上浮 20%，作为基准电价。

工业用电峰谷电价的计算：基准电价实行峰谷浮动，1、7、8、12 月尖峰电价在基准电价的基础上上浮 70%，其他月份上浮 50%，高峰电价在基准电价基础上上浮 50%，低谷时段在基准电价基础上下浮 50%，平段电价不浮动。

（3）居民分时电价的计算。

重庆市规定：凡安装了分时计量装置的"一户一表"居民低谷时段为 23：00～次日 7：00，低谷时段优惠电价 0.08 元/kWh。

除低谷时段的其他用电按照国家现行电价表中的电价执行。

（4）商业分时电价的计算。

商业分时电价只适用于变压器容量在 315kVA 及以上的大型宾馆、酒店的集中制冷、制热中央空调系统和锅炉动力用电。

商业分时电价只进行峰谷调整，不进行丰枯调整。

二、目录电量电费的计算

（一）不执行丰枯峰谷调整电价的目录电量电费

目录电量电费＝有功实用电量×目录电量电价

（二）执行丰枯峰谷调整电价的目录电量电费

目录电量电费＝尖峰电价×尖峰实用电量＋高峰电价×高峰实用电量＋平段电价×平段实用电量＋低谷电价×低谷实用电量

三、基本电费计算

（一）基本电费计收规则

1. 基本规则

（1）基本电费的适用范围按国家规定执行。受电变压器总容量（含不通过受电变压器的高压电动机）在 315kVA 及以上的大工业用电执行两部制电价制度。

（2）按变压器计收基本电费的容量按受电变压器容量计收，包括投入运行变压器和热备用变压器、未加封的冷备用变压器及不通过专用变压器直接接入的高压电动机容量之和。

凡以变压器容量计收基本电费的用户，备用的变压器（含高压电动机），属冷备用状态并经供电企业加封的，不收基本电费；属热备用状态的或未经加封的，不论使用与否都计收基本电费。用户专门为调整用电功率因数的设备，如电容器、调相机等，不计收基本电费。

在受电装置一次侧装有连锁装置互为备用的变压器（含高压电动机），按可能同时使用的变压器（含高压电动机）容量之和的最大值计算其基本电费；如备用变压器经供电部门封停或装有闭锁装置的，不可能发生两台变压器同时投运的，则基本电费按两台变压器之中容量较大的一台变压器的容量计算。

（3）对特种有多档可调容量的变压器，按额定最大容量计收基本电费。

（4）基本电价按变压器容量或按最大需量计费，由用户选择。基本电价计费方式变更周期按季变更（即容量与需量的变更至少间隔 3 个月），电力用户可提前 15 个工作日向电网企业申请变更下一季度的基本电价计费方式。

（5）电力用户（含新装、增容用户）可根据用电需求变化情况，提前 5 个工作日向电网企业申请减容、暂停、减容恢复、暂停恢复用电，暂停用电必须是整台或整组变压器停止运行，减容必须是整台或整组变压器的停止或更换小容量变压器用电。

电力用户申请暂停时间每次应不少于十五日，每一日历年内累计不超过六个月，超过六个月的可由用户申请办理减容。减容期限不受时间限制。

电力用户减容两年内恢复的，按减容恢复办理；超过两年的按新装或增容手续办理。

减容（暂停）后容量达不到实施两部制电价规定容量标准的，应改为相应用电类别单一制电价计费，并执行相应的分类电价标准和分时、力调电价政策。

减容（暂停）设备自设备加封之日起，减容（暂停）部分免收基本电费。

（6）基本电费必须按整台变压器（含高压电动机）容量之和收取，不扣减办公、居民生活等负荷。

（7）对两部制电价用户从暂换之日起，按替换后的变压器容量计收基本电费。

（8）基本电费按月计算，但新装、增容、变更与终止用电当月的基本电费，按实用天数（日用电不足 24h 的，按一天计算）每日按全月基本电费三十分之一计算。事故停电、检修停电、计划限电不扣减基本电费。

2. 按最大需量计收规则

（1）电力用户选择按最大需量方式计收基本电费的，应与电网企业签订合同，可以按合同最大需量或实际最大需量计收基本电费。合同最大需量核定值变更周期按月变更，电力用户可提前 5 个工作日向电网企业申请变更下一个月（日历月）的合同最大需量核定值。

（2）按最大需量计收基本电费的，每月应抄最大需量表的读数。最大需量，应以指示 15min 内平均最大需量表记录值为标准。不通过专用变压器接用的高压电动机其最大需量应另加该高压电动机的容量。

（3）选择按合同最大需量或实际最大需量计费方式的，申请减容、暂停应以日历月或抄表结算周期为单位。抄见最大需量值取上月抄表例日至本月抄表例日期间的最大需量值。

减容（暂停）后执行最大需量计量方式的，合同最大需量按照减容（暂停）后总容量申报。

（4）按合同最大需量计收基本电费时，电力用户实际最大需量超过合同确定值 105% 时，超过 105% 部分的按基本电费加一倍收取；未超过合同确定值 105% 的，按合同确定值收取；申请最大需量核定值低于变压器容量和高压电动机容量总和的 40% 时，按容量总和的 40% 核定合同最大需量。

1）实际最大需量≤最大需量核定值时，计费容量＝最大需量核定值。

2）最大需量核定值＜实际最大需量≤最大需量核定值×1.05 时，计费容量＝最大需量核定值。

3）实际最大需量＞最大需量核定值×1.05 时，计费容量＝最大需量核定值＋（实际最大需量－最大需量核定值×1.05）×2。

（5）按实际最大需量计费方式的用户，实际抄见最大需量值计收基本电费。对按实际最大需量计费的两路及以上进线用户，各路进线分别计算最大需量，累加计收基本电费。

（6）对按最大需量计费的两路及以上进线用户，可能同时使用的进线分别计算最大需量，累加计收基本电费。

1）两路进线，一主一备，供同一用电设备，取两路进线中最大的最大需量值计算基本电费。

2）多回路进线，单独供电，分别单独计算基本电费。

3）多回路进线，并列运行，供同一用电设备。正常运行时，累加计算每条回路的最大需量值；有故障或计划检修等倒闸操作，造成用户最大需量值异常超高的，应根据倒闸前操作工单记录的负荷及最大需量表存储的负荷记录合理扣除（最大需量合理扣除值需按规定报审批）。

3. 新装（增容）用电、变更、终止用电基本电费的计收（以日历月计算基本电费）

（1）新装（增容）用电、暂停（减容）恢复用电：

1）当新装（增容）日、暂停（减容）恢复日在抄表计费日之前：

当月基本电费＝全月基本电费/30×迁入日到当月日历月末的天数

2）当新装（增容）日、暂停（减容）恢复日在抄表计费日之后：

当月基本电费＝全月基本电费/30×迁入日到上月日历月末的天数＋全月基本电费

（2）终止用电、暂停（减容）用电：

1）如果终止、暂停日在当月抄表计费日前：

终止、暂停月基本电费＝全月基本电费/30天×当月月初到终止、暂停迁出日前一天期间的天数

2）如果终止、暂停日在当月抄表计费日后，应退部分当月基本电费：

退基本电费金额＝全月基本电费/30天×终止、暂停（减容）迁出日到该月日历月末的天数

（二）基本电费的计算

1. 按变压器容量计算基本电费

基本电费＝受电变压器容量（含接入的高压电动机）×变压器容量基本电价

2. 按最大需量计算基本电费

基本电费＝最大需量×最大需量基本电价

四、功率因数调整电费计算

（一）功率因数调整电费计收规则

1. 适用范围及功率因数标准

（1）凡专用变压器在100kVA及以上的大宗工业用户（含趸售）、非工业普通工业用户、农业生产用户、农业排灌用户、商业用户均执行功率因数调整电费。

（2）功率因数标准0.90，适用于160kVA以上的高压供电工业用户，装有带负荷调整电压装置的高压供电电力用户和3200kVA及以上的高压供电电力排灌站。

功率因数标准0.85，适用于100～160kVA（含160kVA）的其他工业用户，100kVA及以上的非工业用户，100kVA及以上的商业用户和100～3200kVA的电力排灌站。

功率因数标准0.80，适用于100kVA及以上的农业生产用户和趸售用户，但大工业用户未划由供电局直接管理的趸售用户，功率因数标准应为0.85。

（3）农产品批发市场、城区菜市场用电不参与功率因数调整。

（4）发电企业启动调试阶段或由于自身原因停运向电网企业购买的生产用电不执行功率因数调整电费。

（5）在同一受电点内有两种及以上功率因数调整类别的，以用电设备容量最大类别的功

率因数考核标准作为该用户功率因数考核标准。如出现用电设备容量相等或相当的情况，以功率因数考核标准较低用电类别的标准作为该用户功率因数考核标准。

（6）在同一受电点内，居民生活照明用电容量达到变压器总容量 60% 时，该用户不执行功率因数调整，不包括执行居民电价的非居民用户。

2. 功率因数计算、调整规则

上下网用户是指既有上网又有下网电量的用户，其上、下网功率因数分别考核，上网部分的无功电量不参加下网功率因数的计算。

凡多个供电点，多个电压向同一用户供电时，计费月平均功率因数应分别计算。

凡多个供电点，同一电压向一个用户供电，无论高压侧或低压侧可互为倒送供电者，合并计算功率因数，不能倒送者，分别计算。

凡一个供电点向同一用户同一受电点的多台变压器供电，且分别计量者，而且不能互供者，分别计算；可互供者，合并计算。

凡实行功率因数调整电费的用户，应装设带有防倒装置的无功电能表，按用户每月实用有功电量和无功电量，计算月平均功率因数。

凡装有无功补偿设备且有可能向电网倒送无功电量的用户，供电企业应随其负荷和电压变动及时投入或切除部分无功补偿设备，并应在计费计量点加装带有防倒装置的反向无功电能表，按倒送的无功电量与实用的无功电量两者的绝对值之和，计算月平均功率因数。

对计量装置未安装在产权分界点计算的有功线损、无功线损需参与功率因数计算。

凡由反窃电、违约用电、计量差错引起的退补加减电量，退补电量为当月的参与功率因数的计算和调整，退补电量为往月的不参与当月功率因数的计算和调整。

单一制电价用户功率因数调整范围包括用户目录电量电费。两部制电价用户功率因数调整电费范围包括用户的基本电费和目录电量电费。凡执行了丰枯峰谷调峰电价用户的目录电量电费应以丰枯峰谷浮动后的电费作为功率因数调整电费计算的基础。

凡执行功率因数调整电费办法，用户无功补偿装置应随负荷变动进行调整，无功补偿应加装自动投切装置并投入运行，否则只罚不奖。商业用户功率因数调整实行只罚不奖。

功率因数计算与调整的口径应一致，即参加功率因数计算的用电类别应同口径纳入功率因数电费的调整。

根据计算的功率因数，高于或低于规定标准时，在按照规定的电价计算出其当月电费后，再按照功率因数调整电费表（附录 7-1）所规定的百分数增减电费。如用户的功率因数在功率因数调整电费表所列两数之间，则以四舍五入计算。

用户当月未用电，有功抄见电量为零，当月暂停执行功率因数考核，但应及时查找原因。

对总分表计量的用户，若总表扣减子表后的无功电量为负值，当月暂不考核功率因数，但应及时查找原因。

3. 功率因数计算、调整方法

凡大宗工业用户（含趸售用户）总表计量者，不扣减照明有功、无功电量作为计算月平均功率因数有功、无功电量的依据，功率因数调整以总的目录电量电费、基本电费参与功率因数电费调整。照明分别单独装表计量的，不纳入计算，也不纳入调整。

　　除大宗工业用电（含趸售用户）外的其他用户，照明电量不参加功率因数计算，照明用电电费也不参加功率因数电费调整。其中照明电量按有功抄见电量占总抄见电量的比例分摊有、无功变损作为功率因数计算的依据。其中照明虚表电量已含有功变损电量，不再进行有功变损的分摊。

　　有转供用户的，转供户应扣除被转供户的有功电量（含变损）、无功电量（含变损）后进行功率因数计算。有功、无功变损按被转供有功、无功电量占总有功、无功电量的比例进行分摊，如被转供户未装无功表，则无功变损不进行分摊。

　　被转供户需进行功率因数计算调整的，应单独装表进行功率因数计算调整。

（二）功率因数调整电费的计算

　　功率因数一般也称为力率，用 $\cos\varphi$ 表示。用户在一定的视在功率和一定的电压及电流情况下用电，功率因数越高，其有功功率就越高。如下式所示：

$$\cos\varphi = \frac{P}{S} = \frac{P}{\sqrt{3}IU}$$

式中　　S——视在功率，kVA；

　　　　P——有功功率，kW；

　　　　I——线电流，A；

　　　　U——线电压，kV。

　　功率因数调整电费，又称力调电费，凡实行功率因数调整电费的用户，应装设带有防倒装置的无功电能表，按用户每月的实用有功电量 W_P 和无功电量 W_Q 计算月平均功率因数 $\cos\varphi$。

$$\cos\varphi = \frac{W_P}{\sqrt{W_P^2 + W_Q^2}} = \frac{1}{\sqrt{1 + (W_Q/W_P)^2}}$$

　　用户改善用电功率因数是提高用电设备利用率的有效方法。

　　凡装有无功补偿设备且有可能向电网倒送无功电量的用户，应随其负荷和电压变动及时投入或切除部分无功补偿设备。

　　计算客户的实际功率因数后，依据功率因数调整电费表（附录 7-1），根据客户的功率因数标准，查出功率因数调整电费增减率，从而计算功率因数调整电费。

　　单一制功率因数调整电费＝目录电量电费×功率因数调整电费增减率

　　两部制功率因数调整电费＝（基本电费＋目录电量电费）×功率因数调整电费增减率

五、政府性基金及附加费计算

　　政府性基金及附加费按照对应征收用电类别的有功实用电量及对应销售电价表中的价格计收。

　　农网还贷资金＝有功实用电量×农网还贷资金价格

　　国家重大水利工程建设基金＝有功实用电量×国家重大水利工程建设基金价格

　　大中型水库移民后期扶持基金＝有功实用电量×大中型水库移民后期扶持基金价格

　　地方水库移民后期扶持基金＝有功实用电量×地方水库移民后期扶持基金价格

　　可再生能源电价附加＝有功实用电量×可再生能源电价附加价格

六、电费的计算

（一）居民阶梯电费计算

　　重庆市规定：第一档年用电量 2400kWh（含）以内，维持现行电价标准；第二档年用电量 2401~4800kWh（含），每千瓦时提高 0.05 元；第三档月用电量在 4801kWh（含）以上，每千瓦时提高 0.30 元。

未实行"一户一表"的合表居民用户，暂不执行居民阶梯电价，电价每千瓦时提高 2 分。执行居民电价的非居民用户按合表居民用户电价标准执行。

城乡低保户、城市"三无"人员和农村五保户，每户每月可享受 10kWh 免费电量，减免电价标准为居民用电第一档电价标准减免后 10kWh 电量基数实际执行电价为零电价。每户每月用电量超过 10kWh 的家庭，按 10kWh 减免；每户每月用电量不足 10kWh 的，按实际用电量减免，跨月不结转；抄表周期为两个月的，按月减免 10kWh 电量乘以 2 计算。

对人口数 4 人以上的"一户一表"居民用户，每月每户增加 100kWh 分档基础电量，即各分档基础电量每年分别增加 1200kWh。即第一档年用电量为 3600kWh（含）以内，第二档年用电量为 3601~6000kWh（含），第三档年用电量为 6001kWh（含）以上。

【例 7-3】 某居民客户 12 月份用电量为 648kWh 时，12 月份的年累计用电量为 2453kWh，双月抄表结算，则该居民客户 12 月份的电费是多少？

解：重庆市规定，年用电量 2400kWh（含）以内为第一档，目录电价为 0.490 306 25 元/kWh；年用电量 24 014 800kWh（含）为第二档，目录电价为 0.540 306 25 元/kWh；年用电量 4801kWh（含）以上为第三档，目录电价为 0.790 306 25 元/kWh。

算法一：该居民客户 12 月份应付目录电量电费为：

第一档电量：648－（2453－2400）＝595（kWh）

第一档目录电量电费：0.490 306 25×（648－53）＝291.732（元）

第二档电量：2453－2400＝53（kWh）

第二档目录电量电费：0.540 306 25×53＝28.636（元）

目录电量电费小计：291.732＋28.636＝320.37（元）

算法二：该居民客户 12 月份应付目录电量电费为：

以第一档目录电价计算电费：0.490 306 25×648＝317.718（元）

第二档递增电费：0.05×（2453－2400）＝2.65（元）

目录电量电费小计：317.718＋2.65＝320.37（元）

居民用电的政府性基金及附加分别为：

农网还贷：0.02×648＝12.96（元）

国家重大水利工程建设基金：0.001 968 75×648＝1.28（元）

大中型水库移民后期扶持基金：0.006 225×648＝4.03（元）

地方水库移民后期扶持基金：0.000 5×648＝0.32（元）

可再生能源电价附加：0.001×648＝0.65（元）

合计：320.37＋12.96＋1.28＋4.03＋0.32＋0.65＝339.61（元）

【例 7-4】 某居民客户 12 月份用电量为 733kWh 时，12 月份的年累计用电量为 4914kWh，双月抄表结算，则该居民客户 12 月份的电费是多少？

解：算法一：12 月份的年累计用电量为：4914－733＝4181（kWh）

第二档电量：4800－4181＝619（kWh）

第二档目录电量电费：0.540 306 25×619＝334.45（元）

　　　　第三档电量：4914－4800＝114（kWh）

　　　　第三档目录电量电费：0.790 306 25×114＝90.095（元）

　　　　目录电量电费小计：334.45＋90.095＝424.54（元）

　　算法二：以第一档目录电价计算目录电量电费：0.490 306 25×733＝359.39（元）

　　　　第二档递增电费：0.05×619＝30.95（元）

　　　　第三档递增电费：0.3×114＝34.2（元）

　　　　目录电量电费小计：359.39＋30.95＝34.2＝424.54（元）

　居民用电的政府性基金及附加分别为：

　农网还贷：0.02×733＝14.66（元）

　国家重大水利工程建设基金：0.001 968 75×733＝1.44（元）

　大中型水库移民后期扶持基金：0.006 225×733＝4.56（元）

　地方水库移民后期扶持基金：0.000 5×733＝0.37（元）

　可再生能源电价附加：0.001×733＝0.73（元）

　合计：424.54＋14.66＋1.44＋4.56＋0.37＋0.73＝446.3（元）

　（二）执行单一制电价用户的电费计算

　电费＝目录电量电费＋政府性基金及附加费

　【例 7 - 5】　某房地产评估公司，供电电压是 220V，2019 年 12 月的抄表起数是 18654，止数是 18947，则该客户 12 月份的电费是多少？

　　解：该房地产评估公司执行单一制工商业及其他用电电价，从 2019 年重庆市电网销售电价表查出，不满 1kV 的单一制工商业及其他用电电价为 0.657 8 元/kWh，目录电价为 0.610 106 25 元/kWh。

　　因为倍率为 1，所以

　　有功实用电量：（18 947－18 654）×1＝293（kWh）

　　目录电量电费：0.610 106 25×293＝178.76（元）

　　政府性基金及附加分别为：

　　农网还贷：0.02×293＝5.86（元）

　　国家重大水利工程建设基金：0.001 968 75×293＝0.58（元）

　　大中型水库移民后期扶持基金：0.006 225×293＝1.82（元）

　　地方水库移民后期扶持基金：0.000 5×293＝0.15（元）

　　可再生能源电价附加：0.019×293＝5.57（元）

　　合计：178.76＋5.86＋0.58＋1.82＋0.15＋5.57＝192.74（元）

　（三）执行单一制电价及功率因数调整用户的电费计算

　电费＝目录电量电费＋功率因数调整电费＋政府性基金及附加费

　【例 7 - 6】　某物业公司，供电电压是 10kV，变压器容量是 800kVA，高供高计，2020 年 5 月总表有功的抄表起数是 4778.05，止数是 4839.17，总表无功的抄表起数是 1600.69，止数是 1618.27，倍率是 1000；子表居民其他类的抄表起数是 1322.99，止数是 1347.03，倍率是 80，有功损耗电量为 34kWh，无功损耗电量为 195kVarh；子表居民合表的抄表起数是 16 753.5，止数是 17 005.53，倍率是 80，有功损耗电量为 354kWh，无功损耗电量为 2000kVarh。则该客户 5 月份的电费是多少？

解： 该物业公司的商业用电执行单一制工商业及其他用电电价，居民其他类、居民合表执行居民合表电价。

从 2019 年重庆市电网销售电价表查出，10kV 的单一制工商业及其他用电电价为 0.6378 元/kWh，目录电价为 0.590 106 25 元/kWh；10kV 的居民合表用户电价为 0.53 元/kWh，目录电价为 0.500 306 25 元/kWh。

总表有功抄见电量：(4839.17－4778.05)×1000＝61 120（kWh）

总表无功抄见电量：(1618.27－1600.69)×1000＝17 580（kVarh）

子表 1 居民其他类有功抄见电量：(1347.03－1322.99)×80＝1923.2（kWh）

子表 1 居民其他类有功实用电量：1923.2＋34＝1957.2（kWh）

子表 2 居民合表有功抄见电量：(17 005.53－16 753.5)×80＝20 162.4（kWh）

子表 2 居民合表有功实用电量：20 162.4＋354＝20 516.4（kWh）

商业有功实用电量：61 120－1957.2－20 516.4＝38 646.4（kWh）

商业无功实用电量：17 580－195－2000＝15 385（kVarh）

该客户商业用电执行功率因数调整，功率因数标准为 0.85，则

$$\cos\varphi = \frac{1}{\sqrt{1+(W_Q/W_P)^2}} = \frac{1}{\sqrt{1+\left(\frac{15\,385}{38\,646.4}\right)^2}} = 0.93$$

该客户为商业用电，因为商业用户功率因数调整实行只罚不奖，所以功率因数调整电费为 0。

(1) 商业用电：

商业目录电量电费：0.590 106 25×38 646.4＝22 805.48（元）

商业用电的政府性基金及附加分别为：

农网还贷：0.02×38 646.4＝772.93（元）

国家重大水利工程建设基金：0.001 968 75×38 646.4＝76.09（元）

大中型水库移民后期扶持基金：0.006 225×38 646.4＝240.57（元）

地方水库移民后期扶持基金：0.000 5×38 646.4＝19.32（元）

可再生能源电价附加：0.019×38 646.4＝734.28（元）

商业合计：22 805.48＋772.93＋76.09＋240.57＋19.32＋734.28＝24 648.67（元）

(2) 居民用电：

子表 1 居民其他类目录电量电费：0.500 306 25×1957.2＝979.2（元）

子表 2 居民合表目录电量电费：0.500 306 25×20 516.4＝10 264.48（元）

居民电量小计：1957.2＋20 516.4＝22 473.6（kWh）

居民用电的政府性基金及附加分别为：

农网还贷：0.02×22 473.6＝449.47（元）

国家重大水利工程建设基金：0.001 968 75×22 473.6＝44.24（元）

大中型水库移民后期扶持基金：0.006 225×22 473.6＝139.9（元）

地方水库移民后期扶持基金：0.000 5×22 473.6＝11.24（元）

居民可再生能源电价附加：0.001×22 473.6＝22.47（元）

居民合计：979.2＋10 264.48＋449.47＋44.24＋139.9＋11.24＋22.47＝11 911（元）

（3）总计：24 648.67＋11 911＝36 559.67（元）

（四）执行两部制电价用户的电费计算

电费＝基本电费＋目录电量电费＋功率因数调整电费＋政府性基金及附加费

【例 7-7】 某乳品厂，供电电压是 10kV，变压器容量是 1630kVA，高供高计，按变压器容量计收基本电费，大工业直购电价为 0.367 738 元/kWh，输配电价为 0.185 9 元/kWh。2019 年 11 月总表有功的抄表起数是 1386.81，止数是 1575.24，总表无功的抄表起数是 196.13，止数是 223.39，倍率是 3000；子表工商业非居民的抄表起数是 2557.87，止数是 2751.79，倍率是 60，有功损耗电量为 114kWh，无功损耗电量为 590kVarh。则该客户 11 月份的电费是多少？

解： 该乳品厂的工业用电执行两部制工商业及其他用电电价，工商业非居民用电执行单一制工商业及其他用电电价。

从 2019 年重庆市电网销售电价表查出，10kV 的单一制工商业及其他用电电价为 0.637 8 元/kWh，目录电价为 0.590 106 25 元/kWh。

总表有功抄见电量：（1575.24－1386.81）×3000＝565 290（kWh）

总表无功抄见电量：（223.39－196.13）×3000＝81 780（kVarh）

该客户执行功率因数调整，功率因数标准为 0.9，则

$$\cos\varphi = \frac{1}{\sqrt{1+(W_Q/W_P)^2}} = \frac{1}{\sqrt{1+(\frac{81\ 780}{565\ 290})^2}} = 0.99$$

查看功率因数调整电费表，月电费减少 0.75%。

子表工商业非居民有功抄见电量：

（2751.79－2557.87）×60＝11 635.2（kWh）

子表工商业非居民有功实用电量：11 635.2＋114＝11 749.2（kWh）

（1）工商业非居民用电：

子表工商业非居民目录电量电费：0.590 106 25×11 749.2＝6933.28（元）

工商业非居民功率因数调整电费：6933.28×（－0.75%）＝－52（元）

工商业非居民电费小计：6933.28－52＝6881.28（元）

工商业非居民用电的政府性基金及附加分别为：

农网还贷：0.02×11 749.2＝234.98（元）

国家重大水利工程建设基金：0.001 968 75×11 749.2＝23.13（元）

大中型水库移民后期扶持基金：0.006 225×11 749.2＝73.14（元）

地方水库移民后期扶持基金：0.000 5×11 749.2＝5.87（元）

可再生能源电价附加：0.019×11 749.2＝223.23（元）

工商业非居民合计：6881.28＋234.98＋23.13＋73.14＋5.87＋223.23＝7441.63（元）

（2）大工业用电：

按变压器容量计收基本电费：24×1630＝39120（元）

大工业有功实用电量：565 290－11 749.2＝553 540.8（kWh）

大工业无功实用电量：81 780－590＝81 190（kVarh）

大工业目录电量电费：（0.367 738＋0.185 9）×553 540.8＝306 461.22（元）

大工业功率因数调整电费：（39 120＋306 461.22）×（－0.75%）＝－2591.86（元）

大工业电费小计：39 120＋306 461.22－2591.86＝342 989.36（元）

大工业的政府性基金及附加分别为：

农网还贷：0.02×553 540.8＝11 070.82（元）

国家重大水利工程建设基金：0.001 968 75×553 540.8＝1089.78（元）

大中型水库移民后期扶持基金：0.006 225×553 540.8＝3445.79（元）

地方水库移民后期扶持基金：0.000 5×553 540.8＝276.77（元）

可再生能源电价附加：0.019×553 540.8＝10 517.28（元）

大工业合计：342 989.36＋11 070.82＋1089.78＋3445.79＋276.77＋10 517.28＝369 389.8（元）

（3）总计：7441.63＋369 389.8＝376 831.43（元）

【例 7-8】 某机械配件有限公司，供电电压是 10kV，变压器容量是 500kVA，高供高计，按变压器容量计收基本电费，2020 年 5 月大工业有功总的抄表起数是 823.23，止数是 1076.45，倍率是 600；有功尖峰的抄表起数是 62.75，止数是 81.22；有功高峰的抄表起数是 231.24，止数是 301.47；有功低谷的抄表起数是 227.49，止数是 295.91；大工业无功总的抄表起数是 320.4，止数是 434.26，倍率是 600。工商业非居民的抄表起数是 5572，止数是 5809，倍率是 1，有功损耗电量为 2kWh。则该客户 5 月份的电费是多少？

解：该机械配件有限公司的工业用电执行两部制工商业及其他用电电价，工商业非居民用电执行单一制工商业及其他用电电价。

从 2019 年重庆市电网销售电价表查出，10kV 的两部制工商业及其他用电电价为 0.605 7元/kWh，目录电价为 0.558 006 25 元/kWh，按变压器容量计收的基本电价为 24 元/（kVA·月）；10kV 的单一制工商业及其他用电电价为 0.637 8 元/kWh，目录电价为 0.590 106 25 元/kWh。

（1）工商业非居民用电：

工商业非居民有功抄见电量：（5809－5572）×1＝237（kWh）

工商业非居民有功实用电量：237＋2＝239（kWh）

工商业非居民目录电量电费：0.590 106 25×239＝141.04（元）

工商业非居民用电的政府性基金及附加分别为：

农网还贷：0.02×239＝4.78（元）

国家重大水利工程建设基金：0.001 968 75×239＝0.47（元）

大中型水库移民后期扶持基金：0.006 225×239＝1.49（元）

地方水库移民后期扶持基金：0.000 5×239＝0.12（元）

可再生能源电价附加：0.019×239＝4.54（元）

工商业非居民合计：141.04＋4.78＋0.47＋1.49＋0.12＋4.54＝152.44（元）

（2）大工业用电：

按变压器容量计收基本电费：24×500＝12 000（元）

有功总抄见电量：（1076.45－823.23）×600＝151 932（kWh）

有功尖峰抄见电量：（81.22－62.75）×600＝11 082（kWh）

有功高峰抄见电量：（301.47－231.24）×600＝42 138（kWh）

有功低谷抄见电量：$(295.91-227.49)\times600=41\ 052$（kWh）

有功平段抄见电量：$151\ 932-11\ 082-42\ 138-41\ 052=57\ 660$（kWh）

无功总抄见电量：$(434.26-320.4)\times600=68\ 316$（kVarh）

因为 5 月份是平水期，基准电价为目录电价 0.558 006 25 元/kWh。

平段电价：0.558 006 25（元/kWh）

尖峰电价：$0.558\ 006\ 25\times(1+0.5)=0.837\ 009\ 375$（元/kWh）

高峰电价：$0.558\ 006\ 25\times(1+0.5)=0.837\ 009\ 375$（元/kWh）

低谷电价：$0.558\ 006\ 25\times(1-0.5)=0.279\ 003\ 125$（元/kWh）

尖峰电费：$0.837\ 009\ 375\times11\ 082=9275.74$（元）

高峰电费：$0.837\ 009\ 375\times42\ 138=35\ 269.9$（元）

平段电费：$0.558\ 006\ 25\times57\ 660=32\ 174.64$（元）

低谷电费：$0.279\ 003\ 125\times41\ 052=11\ 453.64$（元）

大工业目录电量电费：$9275.74+35\ 269.9+32\ 174.64+11\ 453.64=88\ 173.92$（元）

该客户大工业用电执行功率因数调整，功率因数标准为 0.9，则

$$\cos\varphi=\frac{1}{\sqrt{1+(W_Q/W_P)^2}}=\frac{1}{\sqrt{1+(\frac{68\ 316}{151\ 932})^2}}=0.91$$

查看功率因数调整电费表，月电费减少 0.15%。

功率因数调整电费：$(12\ 000+88\ 173.92)\times(-0.15\%)=-150.26$（元）

大工业电费小计：$12\ 000+88\ 173.92-150.26=100\ 023.66$（元）

大工业的政府性基金及附加分别为：

农网还贷：$0.02\times151\ 932=3038.64$（元）

国家重大水利工程建设基金：$0.001\ 968\ 75\times151\ 932=299.12$（元）

大中型水库移民后期扶持基金：$0.006\ 225\times151\ 932=945.78$（元）

地方水库移民后期扶持基金：$0.000\ 5\times151\ 932=75.97$（元）

可再生能源电价附加：$0.019\times151\ 932=2886.71$（元）

大工业合计：$100\ 023.66+3038.64+299.12+945.78+75.97+2886.71=107\ 269.88$（元）

（3）总计：$152.44+107\ 269.88=107\ 422.32$（元）

该客户的电费账单如表 7-1 所示。

表 7 - 1

日期：2020 年 5 月　　　　　电费账单

电 费 账 单

区号：　　户号：154×××× ×××　　抄表段号：　　　　单位：元/kWh

用电类别	正数	起数	倍率	地址 抄见电量	损耗	供电电压 加减电量	10kV 实用电量	方式 电价	高供高计 金额
工商业大工业 10kV（总）	1076.45	823.23	600	151 932	0	−151 932	0	0	0
工商业大工业 10kV（尖）	81.22	62.75	600	11 082	0	0	11 082	0.837 009 375	9275.74
工商业大工业 10kV（峰）	301.47	231.24	600	42 138	0	0	42 138	0.837 009 375	35 269.9
工商业大工业 10kV（平）	397.84	301.73	600	57 666	0	−6	57 660	0.558 006 25	32 174.64
工商业大工业 10kV（谷）	295.91	227.49	600	41 052	0	0	41 052	0.279 003 125	11 453.64
工商业大工业 10kV 正向无功	434.26	320.4	600	68 316	0	0	68 316	0	0
工商业大工业 10kV 反向无功	0	0	600		0	0		0	0
工商业非居民 10kV（总）	5809	5572	1	237	2	0	239	0.590 106 25	141.04

计费容量	500	项目	电量	电价	金额
基本电价	24	农网还贷	152 171	0.02	3043.42
基本电费	12 000	国家重大水利工程建设基金	152 171	0.001 968 75	299.6
功率因数	0.91	大中型水库移民后期扶持基金	152 171	0.006 225	947.26
加减比例	−0.15%	地方水库移民后期扶持基金	152 171	0.000 5	76.09
力调电费	−150.26	可再生能源附加	152 171	0.019	2891.25
系统备用费	0				
电费小计	100 164.7				合计 107 422.32

年累计已用电量

一户多人口有效到期日

合计大写　拾万柒仟肆佰贰拾贰元叁角贰分

模块四　电费核算管理

【模块描述】　本模块介绍电量电费核算发行、计量计费参数审核、业务工单信息审核、电费核算异常、电费退补，通过学习，熟悉电费核算管理的主要内容。

电费核算管理主要包括电量电费核算发行、计量计费参数审核、业务工单信息审核、非政策性退补管理等。

一、电量电费核算发行

电费核算人员应在抄表复核后24h内完成电量电费计算工作，在抄表复核后48h内完成正常计费客户电费发行工作。

核算员应认真审核客户计费信息、计量信息及变压器档案信息，按照电费审核规则筛选异常客户，进行逐户核查。对确有异常情况的形成审核异常工作，由相关人员进行现场核实、整改。

因客户抄表造成电量电费计算异常，核算员应在电力营销系统中进行回退操作，待差错处理完毕后再进行电量电费计算、审核与发行。

对有业务变更的客户应重点复核。

电量电费审核无误并发行后，不得擅自进行全减另发。确需全减另发的，应履行书面审批手续。

二、计量计费参数审核

遇到电价政策调整、电价编码变更、营销系统升级或故障等情况后，核算员应对相关参数进行逐一审核。

对高压归档客户开展电费试算，并对客户的计算结果进行复核。

三、业务工单信息审核

对新装增容、变更用电等业务工单，核算员应仔细审核客户的用电类别、行业分类、供电电压、用电容量、计量计费参数等信息的准确性和完整性。对相关信息不完善、不准确的工单，应回退相关环节进行核实整改。

对新装增容、变更用电、计量计费参数变化的客户，在首次电量电费计算时，应逐户进行审核。

四、电费核算异常

电费核算人员在电费核算过程中发现如下异常情况，应填写异常处理工作单，触发异常流程。

1. 总表有功电量、无功电量不够扣减

（1）抄表催费人员到现场核实表计止度，初步查看计量装置是否有异常。

（2）用电检查人员核对计量方式是否正确，到现场检查计量装置是否异常。如无异常，由用电检查人员在电力营销系统中触发非政策性退补电量，使总表电量扣减子表后计费电量为零。如有异常，通知相关工作人员到现场对计量装置进行检测校验。

（3）工作人员现场对计量装置进行检测校验。如无异常，将检查结果返回进行后续处理。如有异常，确定差错，由用电检查人员在电力营销系统中触发非政策性退补电量。

2．计量故障

（1）计量装置计量误差。工作人员现场对计量装置进行检测校验，确定差错后回复用电检查人员，由用电检查人员在电力营销系统中触发非政策性退补电量。

（2）烧表、烧互感器、表计不走字等。

1）用电检查人员到现场检查表计故障原因，确认退补电量并在电力营销系统中触发非政策性退补电量。

2）装表接电人员到现场对计量装置进行更换。

3．接线错误

（1）用电检查人员到现场核实是否接线错误。如接线错误，确定退补电量，并在电力营销系统中触发非政策性退补电量，同时通知抄表催费人员催收电费。

（2）装表接电人员根据现场实际情况更改计量装置接线。

4．档案错误

用电检查人员到现场检查计量方式、设备容量、变比、用电类别等是否与系统档案一致，根据现场实际情况在电力营销系统中触发档案修改流程。档案修改完成后，通知核算人员计费出账。

五、电费退补

电费退补分为政策性退补、非政策性退补。

政策性退补是指由于国家政策性电价调整引起的，对已经发行电费的用电客户所进行的电费退补。政策性退补主要由电费核算人员完成。

非政策性退补是指因抄表、电价、客户业务变更、客户档案差错、低压客户计量异常等引起的电量、电费退补。

（一）非政策性退补计算

供电营业所根据需退补时间、电量、电价、容量等，负责计算退补的电量或电费。

高压客户因计量故障、计量差错引起的电量、电费非政策性退补，由高压客户服务班/供电营业所负责根据计量公式计算退补的电量或电费，同时根据退补计算值与客户签订退补方案协议。

（二）非政策性退补申请

1．非政策性退补申请要求

（1）非政策性退补申请包括纸质申请资料和营销业务应用系统流程申请。

（2）电费全减另发申请应写明全减另发原因及全减另发前后的抄表止度。

（3）电量、电费退补纸质申请资料应包含电费非政策性退补原因及处理情况描述、退补涉及的时间段、退补值的详细计算方式及结果、退补方式等；涉及高压客户计量问题的还应包含经表计检验后的检验书、具体的计算过程及结果、与客户签订的退补方案协议等内容。

（4）电量、电费退补营销业务应用系统流程申请中内容应包含退补原因、处理方式及简单的退补值计算过程。

2．非政策性退补申请的提出

由客户所属的责任班（所）提出非政策性退补申请。

大客户经理班负责高压新装、增容接电时间不足半年的客户的电量、电费退补；高压客户服务班/供电营业所负责高压新装、增容接电时间超过半年的高压客户的电量、电费退补。

（三）纸质退补工单审批

1. 全减另发

全减另发退补方式，先将错误电费全部冲销，再生成正确电费。全减另发由相关班（所）长签字进行退补一级审批，分管专责签字进行退补二级审批，分管专责对应的中心分管主任签字进行退补三级审批。

2. 补电量、电费

（1）低压客户补电量、电费，金额在 500 元以下及电量 1000kWh 以下的由相关班（所）长进行退补一级审批，分管专责进行退补二级审批。

（2）低压客户补电量、电费，金额在 500～5000 元或电量在 1000～10 000kWh 的，由相关班（所）长进行退补一级审批，分管专责进行退补二级审批，分管主任进行退补三级审批。

（3）高压客户补电量、电费，金额在 5000 元以下及电量在 10 000kWh 以下的，由相关班（所）长进行退补一级审批，分管专责进行退补二级审批，分管主任进行退补三级审批。

（4）高低压客户补电量、电费，金额在 5000 元以上或电量在 10 000kWh 以上的，由相关班（所）长进行退补一级审批，分管专责进行退补二级审批，分管主任进行退补三级审批，公司分管副总经理进行退补四级审批。

3. 退电量、电费

高低压客户退电量、电费，由相关班（所）长进行退补一级审批，分管专责进行退补二级审批，分管主任进行退补三级审批，公司分管副总经理进行退补四级审批。

非政策性退补纸质审批单由各申请班（所）负责编号并做好记录，核算班负责对非政策性退补纸质审批单及相关资料复印件按照档案管理要求进行保管，以备后查。

（四）营销系统内审批流程

（1）由提出退补申请的责任班（所）在营销系统内触发退补申请。

（2）核算员完成退补计算。

（3）核算班班长完成退补一级审批。

（4）电费专责完成退补二级审批。

（5）电费分管主任完成退补三级审批。

（6）核算员完成退补审核及发行。

对电量电费退补业务工单，核算员应仔细审核退补原因、退补依据、退补时限、退补标准、计算过程、计算结果，对于相关信息不完善、不清晰的工单，应回退至相关环节进行核实整改。

核算班负责监控电费冲销后重新抄表出账情况，对无故未重新抄表出账的抄表人员提出通报，确保全减另发执行到位。

（五）工作质量要求

（1）系统外的工单内容及系统内的退补说明必须填写规范，两者内容应保持一致。

（2）退补说明必须写明退补原因，不得出现与算费无关的内容。

（3）算费过程要清晰明了，是退是补必须明确。

（4）核算员应对退补说明的内容进行审核，对于内容填写不规范的或是算费错误的，退回申请环节，并通知流程发起人进行整改。

（5）核算班班长应加强对系统内退补一级审批严格把关，严禁审批流于形式。

实践能力训练 2　电费计算大作业

一、实践目的

通过对电力客户的电费计算，使学生熟悉电费计算的过程。

二、实践任务描述

根据客户的用电类别及信息，正确计算该客户应交的电费。

（一）居民客户的电费计算

张某居民客户 2019 年 12 月的抄表起数是 18 209，止数是 18 857，倍率是 1，12 月份的年累计用电量为 5514kWh，双月抄表结算，则该居民客户 12 月份的电费是多少？

请完成表 7 - 2 居民客户电费账单的填写。

（二）单一制工商业及其他客户的电费计算

某科技发展公司，供电电压是 10kV，变压器容量是 250kVA，高供低计，倍率是 80，变压器有功损耗是 231kWh，无功损耗是 1928kVarh。2020 年 5 月有功总的抄表起数是 8210.03，止数是 8396.01；有功尖峰的抄表起数是 626.24，止数是 638.38；有功高峰的抄表起数是 2461.2，止数是 2520.27；有功低谷的抄表起数是 1975.58，止数是 2017.22；总正向无功总的抄表起数是 2203.55，止数是 2307.98；总反向无功总的抄表起数是 0，止数是 0。子表工商业非居民的抄表起数是 7333.33，止数是 7522.28，倍率是 20，有功损耗电量为 78kWh。则该客户 5 月份的电费是多少？

请完成表 7 - 3 该客户电费账单的填写。

（三）两部制工商业及其他客户的电费计算

某工厂，供电电压是 10kV，变压器容量是 315kVA，按变压器容量计收基本电费，高供高计，电压互感器变比为 10 000V/100V，电流互感器变比为 20A/5A。2019 年 11 月有功总的抄表起数是 428.67，止数是 721.98；有功尖峰的抄表起数是 33.06，止数是 55.75；有功高峰的抄表起数是 104.11，止数是 172.69；有功低谷的抄表起数是 151.1，止数是 266.71；总正向无功总的抄表起数是 139.12.4，止数是 235.19；总反向无功总的抄表起数是 154.32，止数是 154.32。工商业非居民的抄表起数是 103.27，止数是 135.42，电流互感器变比为 200/5，有功损耗电量为 37kWh。则该客户 11 月份的电费是多少？

请完成表 7 - 4 该客户电费账单的填写。

表 7 - 2

问题（一）电费账单

居民电费账单

日期：2019 年 12 月　　区号：　　抄表段号：　　单位：元/kWh

用电单位	张某	户号	154×××× ×××	地址	供电电压	220V	方式	低供低计
用电类别	起数	止数	倍率	抄见电量	损耗	加减电量	实用电量	电价／金额
居民一户一表 220V（总）基础	18 209	18 857	1	项目	0			电量
第二档递增		0			0			0.05
第三档递增		0			0			0.3
计费容量		0						金额
基本电价		0		农网还贷				
基本电费		0		国家重大水利工程建设基金				
功率因数		0		大中型水库移民后期扶持基金				
加减比例		0		地方水库移民后期扶持基金				
力调电费		0		可再生能源附加价				
系统备用费		0						
电费小计								
年累计已用电量	5514			一户多人口有效期到期日				合计
合计大写								

表 7 - 3

问题（二）电费账单

电 费 账 单

单位：元/kWh

日期：2020 年 5 月　　区号：　　抄表段号：

用电单位	某科技发展有限公司			户号	160×××× ×××		地址		供电电压	10kV	方式	高供低计
用电类别	止数	起数	倍率	抄见电量	损耗	加减电量	实用电量	电价	金额
工商业普通工业 10kV（总）	8396.01	8210.03	80						
工商业普通工业 10kV（尖）	638.38	626.24	80						
工商业普通工业 10kV（峰）	2520.27	2461.2	80						
工商业普通工业 10kV（平）	3220.13	3146.99	80						
工商业普通工业 10kV（谷）	2017.22	1975.58	80						
工商业普通工业 10kV 正向无功	235.19	139.12	80						
工商业普通工业 10kV 反向无功	0	0	80						
工商业非居民 10kV（总）	7522.28	7333.33	20						
计费容量		项目	电量	电价	金额				
基本电价		农网还贷							
基本电费		国家重大水利工程建设基金							
功率因数		大中型水库移民后期扶持基金							
加减比例		地方水库移民后期扶持基金							
力调电费		可再生能源附加							
系统备用费	0								
年累计已用电量		一户多人口有效期到期日							
合计大写					电费小计			合计	

表7-4

问题（三）电费账单

电 费 账 单

日期：2019年11月　　　区号：　　　抄表段号：　　　单位：元/kWh

用电单位	用电类别	起数	正数	倍率	抄见电量	损耗	加减电量	实用电量	电价	金额
		户号：154×××× ×××	某工厂		地址：		供电电压	10kV	方式	高供高计
	工商业大工业10kV（总）	428.67	721.98	400						
	工商业大工业10kV（尖）	33.06	55.75	400						
	工商业大工业10kV（峰）	104.11	172.69	400						
	工商业大工业10kV（平）	140.39	226.82	400						
	工商业大工业10kV（谷）	151.1	266.71	400						
	工商业大工业10kV正向无功	139.12	235.19	400						
	工商业大工业10kV反向无功	154.32	154.32	400						
	工商业非居民10kV（总）	103.27	135.42	40		37				
	计费容量				项目	金额			电价	电量	金额
	基本电费电价				农网还贷					
	基本电费				国家重大水利工程建设基金					
	功率因数				大中型水库移民后期扶持基金					
	加减比例				地方水库移民后期扶持基金					
	力调电费				可再生能源附加					
	系统备用费	0								
	电费小计									
	年累计已用电量				一户多人口有效期到期日					
	合计大写				合计					

项目 8　电费收取及账务处理

知识目标

➤ 熟悉电费收取管理。

➤ 清楚电费催收管理。

➤ 了解电费账务管理。

能力目标

➤ 会正确收取电费。

➤ 能够运用电力营销管理信息系统进行电费收取及账务处理流程操作。

模块一　电费收取管理

【模块描述】　本模块介绍电费收取的基本概念、电费通知、电费收取方式、电费收取管理，通过学习，可以熟悉电费收取的主要内容。

一、电费收取的基本概念

电费收取是按照国家批准的电价，依据客户的实际用电情况和用电电能计量装置记录计算电费，按收费日程以多种方式，准确、及时、足额地回收电费。

电费收取的主要内容包括应收电费的收取、催收及欠费工作处理等。

电费收费人员根据客户的缴费户号及结算方式、金额在营销系统中进行相应的收费操作，严禁未收到客户电费即私自在系统中进行收费操作，客户直接付款的情况需收到客户付款凭据后立即在系统中进行收费，保证每一笔系统操作的正确性。

收费人员必须做到应收必收，收必彻底，及时、准确、全部地回收电费。

电费收取可保证电力企业再生产及补偿生产资料耗费等开支所需的资金，同时也可为电力企业扩大再生产提供必要的建设资金。

二、电费通知

电费发行后，电量电费信息应及时以通知单（账单）、短信或其他与客户约定的方式告知客户，并提供电话或网络等查询服务。

常用的电费通知方式有：

（1）主动通知。电费发行后，电力公司通过各种手段主动通知客户应缴电费信息。

（2）被动通知。提供电费查询平台，使客户查询电费后及时缴费。

（3）委托通知。供电公司委托第三方，通过其特殊资源，通知客户缴费信息。

电费通知单内容包括本期电量电费、电价、应缴电费、交费方式、交费时间期限、交费地点、服务电话及网站等。鼓励以电子方式将电量电费信息告知客户，实施前应征得客户同意。

三、电费收取方式

（一）柜台收费（坐收）

采用柜台收费（坐收）方式时，应核对户号、户名、地址等信息，告知客户电费金额及收费明细，避免错收。客户同时采取现金、支票与汇票支付一笔电费的，应分别进行账务处理。

柜台收费（坐收）时应注意：

（1）收费时要注意收据之应收金额，将用户交的电费款当面点清并喊出金额，电费款过手，收费员必须重点，无误后再进行找补；找补完后将电费收据、存根加盖收费员印章及收费日戳，并同补零款一并交给用户。

（2）收费时应注意核对收据上的抄表日期及缴款期限，对逾期者应按《供电营业规则》（电力工业部令第8号）的规定加收电费违约金。

（3）收费过程中要注意支票的填写是否符合银行规定，大小写金额是否相符，字迹是否清楚。严禁使用白条暂收电费。不准私自委托他人收费。收回的电费必须当日及时送入银行，或回本单位上缴；绝对禁止将电费尾款带回家中或放在抽屉内过夜。

（二）现场走收

确因地区偏远等原因造成客户交费困难的，可采取现场收费（走收）方式。收费前应确定客户清单，领取电费票据，备足找零现金。到达现场收费时，收费人员应出示工作证件，注意做好人身、资金的安全工作。收费时，应仔细核对客户信息与电费发票是否一致，告知客户电费金额及收费明细，避免发生错收。严格按电费发票金额收费，不得打白条收费。

（三）代扣、代收与特约委托方式

（1）采用代扣、代收与特约委托方式收取电费的，供电企业、用电客户、银行应签订协议，明确各方的权利义务。

1）采用代扣、代收方式收取电费的，供电企业应与代扣、代收单位签订协议，明确双方权利义务。协议内容应包括交费信息传送内容、方式、时间，交费数据核对要求、错账处理、资金清算、客户服务条款及违约责任等。

2）采用特约委托方式收取电费的，供电企业、用电客户、银行应签订协议，明确三方的权利义务。协议内容应包括客户编号、客户名称、托收单位名称、托收单位地址、托收银行账号、托收协议号、收款银行、扣款时间、客户服务条款及违约责任等。采用分次划拨或分次结算方式的，协议内容应增加分次划拨或分次结算次数及时间等内容。

3）应严格按约定时间与银行发送、接收并处理交费信息，及时做好对账和销账工作，发现异常情况及时按约定程序处理。客户银行账户资金不足以实现电费扣款时，应及时通知客户。

（2）采用代收、代扣收费方式时，代收、代扣单位应在下个工作日前将当日代收、代扣电费资金转至供电企业账户。客户可持代收、代扣单位打印的有效收款凭证或有效身份证明到供电企业营业网点打印发票，在确认客户电费结清且未打印过发票后，给予出具发票。

（3）采用特约委托收费方式时，应按时生成托收单数据，提供给相应特约委托银行。特约委托成功后，应及时将电费发票送达客户。允许以一个银行账号并账托收多个客户的电费。发生托收退票的，应重新托收或转为其他收费方式。

在与银行的合作中，要选择信誉高、服务好、网点多、布局合理的银行进行合作。

（四）划拨电费

实行分次划拨电费的，每月电费划拨次数一般不少于三次，月末统一抄表后结算。实行分次结算电费的，每月应按结算次数和结算时间，按时抄表后进行电费结算。

（五）（预）购电交费方式

采用（预）购电交费方式的，应与客户签订（预）购电协议，明确双方权利和义务。协议内容应包括购电方式、预警方式、跳闸方式、联系方式、违约责任等。

采用（预）购电收费方式时，每日收费结束后，应进行收费整理，清点现金和票据，保证与购电数据核对一致。

（六）自助终端交费

采用自助终端收费方式时，应每日对自助交费终端收取的现金进行日终解款。每日对充值卡和银行卡在自助终端交费的数据进行对账并及时处理单边账。客户在自助终端交费成功后应向其提供交费凭证。

（七）智能交费

智能交费是充分运用互联网信息技术，在保障个人信息安全的基础上，为用电人提供多种交费渠道，满足用电信息查询、电费交费提醒、余额自动提醒等信息交互服务的方式。电力客户可以选择支付宝、微信公众号、电力公司 APP 等方式交费，智能交费服务协议见附录 8-1。

（八）远程费控方式

采用远程费控业务方式的，应根据平等自愿原则，与客户协商签订协议，条款中应包括电费测算规则、测算频度、预警阈值、停电阈值、预警、取消预警及通知方式，停电、复电及通知方式，通知方式变更，有关责任及免责条款等内容。

用户费控管理功能包括对各类客户的预付费电量、电费及各相关参数的设置、变更和远程停复电命令的下发。各级供电企业采集运维部门应对购电参数和远程停复电命令的下发情况进行跟踪，对确认异常的下发任务派发故障处理工单，进行现场消缺。

（九）充值卡方式

采用充值卡收费方式时，应每日对当日销售的电费充值卡数量、充值记录、充值金额、充值账户抵交电费情况进行核对，并编制日报表。销售充值卡与充值卡交费不能重复开具发票。

总之，要实施多元化交费。统筹考虑本地区特点和客户群体差异，巩固和发展自有网点坐收、银行代扣代收等行之有效的交费方式；利用网络信息技术、先进支付手段，拓展95598 网站、第三方支付、手机客户端、微信、有线电视等新型交费渠道，加大电子化及社会化交费推广力度，实现城市"十分钟交费圈"、农村"村村有交费点"。

四、电费收取管理

（1）严格执行电费收交制度。做到准确、全额、按期收交电费、开具电费发票及相应收费凭证。任何单位和个人不得减免应收电费。

（2）加强电费回收风险控制和管理，及时对电费账龄进行分析排查。对存在政策、经济风险的用电客户应逐户建立风险防控预案，最大程度防范电费回收风险。追收欠费工作中，要采取切实措施避免超过诉讼时效。

（3）为了确保电费资金安全，电费核算与收费岗位应分别设置，不得兼岗。抄表及收费人员不得以任何借口挪用、借用电费资金。收费网点应安装监控和报警系统，将收费全过程纳入监控范围。

（4）电费收费人员在收取客户电费时，不得私自将客户所缴纳的票据拆分收取，或用于支付其他客户电费，收款完成后向客户出具正式发票，保证收款金额与发票金额的一致。

（5）电费收费人员按要求完成每日的系统资金解款，保证系统解款金额、银行、批号的正确性，根据每日资金解款情况，正确填写银行进账单，并按规定格式分别编写小户收费日报（附录8-2）、专用变压器用户收费日报（附录8-3）。

（6）实收审核人员每日负责对电费收费人员的收款、解款、日报及进账单进行检查、核对，确保一致性，以及电费收费人员操作的正确性、规范性，并督促电费收费人员及时对差异账进行核实、处理、回复。

实收审核人员收费次日上午12：00前完成电力营销系统中的实收审核，并在核对电费收费人员的实收日报表准确无误后，将实收日报表和资金进账回执汇总统一传送电费核算人员。每月将所有调账解款记录审核无误后，将纸质签字确认清单交电费核算班存档。

（7）电费收取应做到日清日结，收费人员每日将现金交款单、银行进账单、当日电费汇总表交电费账务人员，电费日实收交接报表见附录8-4。

1）每日收取的现金及支票应当日解交银行。由专人负责每日解款工作并落实保安措施，确保解款安全。当日解款后收取的现金及支票按财务制度存入专用保险箱，于次日解交银行。

2）收取现金时，应当面点清并验明真伪。收取支票时，应仔细检查票面金额、日期及印鉴等是否清晰正确。

3）客户实交电费金额大于客户应交电费金额时，作预收电费处理。

（8）严格按照电费回收方案对电费回收指标完成情况进行奖惩，要求电费回收率达到100％。

$$电费回收率=\frac{实收电费}{应收电收}\times100\%$$

（9）全面落实电费回收工作责任制，建立各级电费回收工作质量考核和激励制度，采用"日实时监控、月跟踪分析、季监督通报、年考核兑现"等方式，对电费回收率、应收电费余额等指标进行考核，确保电费按时全额回收。

模块二　电费催收管理

【模块描述】　本模块介绍电费催收的概念、工作流程、电费违约金的收取、欠费停电、复电，通过学习，可以熟悉电费催收的主要内容。

一、电费催收的概念

电费发行后，供电企业会先通过短信、邮件等告知客户，请客户在缴费期限前缴纳。如果客户超过缴费到期日未缴费的，供电企业会通过短信、邮件、电话或上门派送催费提醒通知单等方式进行催收，经催收后仍未缴费的，将依法执行欠费停电。重庆市规定，低压电力客户缴费到期日是每月的24日，高压客户缴费到期日是抄表后的第5天。

对电费欠费客户应建立明细档案，按规定的程序催交电费。电费催交通知书、停电通知书应由专人审核、专档管理。电费催交通知书内容应包括催交电费年月、欠费金额及违约金、交费时限、交费方式及地点等。停电通知书内容应包括催交电费次数、欠费金额及违约金、停电原因等。

二、电费催收的工作流程

（1）加强 95598 电话、网站、手机 APP、短信订阅等电量电费查询方式的宣传，方便客户查询电量电费信息。

（2）电费发行后，催费人员应通过短信、电话、电费通知单等多种方式，主动告知客户当月的电量电费信息及交费期限，提醒客户在约定的期限内结清电费。

（3）客户在约定的期限内仍未完结电费时，催费人员应通过电话、书面送达或在显著位置张贴催费提醒通知单（低压）（附录 8 - 5）或欠费催收通知单（高压）（附录 8 - 6）等形式，通知客户限期结清电费，并通过拍照、录音、录像等形式保存通知记录。

（4）催交电费通知书应明确告知客户的户名、户号、用电地址、电费年月、欠费金额、交费时限、交费方式、95598 电力服务热线和催费人员联系方式等。

三、电费违约金的收取

《供电营业规则》（电力工业部令第 8 号）第九十八条规定，用户在供电企业规定的期限内未交清电费时，应承担电费滞纳的违约责任。电费违约金从逾期之日起计算至交纳日止。每日电费违约金按下列规定计算：

（1）居民用户每日按欠费总额的千分之一计算。

（2）其他用户：

1）当年欠费部分，每日按欠费总额的千分之二计算。

2）跨年度欠度部分，每日按欠费总额的千分之三计算。

电费违约金收取总额按日累计收，总额不足 1 元者按 1 元收取。

对于其他用户跨年度电费违约金的计算中，因为没有界定清楚是以欠费日期还是以交费日期来确定当年、跨年部分，因此跨年度电费违约金的计算会有不同的计算方式。

严格执行电费违约金制度，不得随意减免电费违约金，不得用电费违约金冲抵电费实收。由下列原因引起的电费违约金，可经审批同意后实施电费违约金免收：

（1）供电营业人员抄表差错或电费计算出现错误影响客户按时交纳电费。

（2）银行代扣电费出现错误或超时影响客户按时交纳电费。

（3）因营销业务应用系统客户档案资料不完整或错误，影响客户按时交纳电费。

（4）因营销业务应用系统或网络发生故障，影响客户正常交纳电费。

【例 8 - 1】 某居民电力客户 2020 年 12 月的电费总额为 200 元，无历年欠费，交费日期为每月的 10～20 日，该居民 2018 年 1 月 15 日到营业厅交费，试问该居民电力客户应交纳的电费违约金为多少？

解：该居民客户拖欠电费的天数：$31-20+15=26$（天）。

根据《供电营业规则》（电力工业部令第 8 号）第九十八条规定，居民用户每日按欠费总额的千分之一计算，该客户应交纳的电费违约金：$200×1‰×26=5.2$（元）。

四、欠费停电、复电

（一）欠费停电

《供电营业规则》（电力工业部令第 8 号）第六十七条规定，除因故中止供电外，供电企业需对用户停止供电时，应按下列程序办理停电手续：

（1）应将停电的用户、原因、时间报本单位负责人批准。批准权限和程序由省电网经营企业制定。

（2）在停电前三至七天内，将停电通知书送达用户，对重要用户的停电，应将停电通知书报送同级电力管理部门。

（3）在停电前30min，将停电时间再通知用户一次，方可在通知规定时间实施停电。

《供电营业规则》（电力工业部令第8号）第六十八条规定，因故需要中止供电时，供电企业应按下列要求事先通知用户或进行公告：

（1）因供电设施计划检修需要停电时，应提前七天通知用户或进行公告。

（2）因供电设施临时检修需要停止供电时，应当提前24h通知重要用户或进行公告。

（3）发供电系统发生故障需要停电、限电或者计划限、停电时，供电企业应按确定的限电序位进行停电或限电。但限电序位应事前公告用户。

严格按照国家规定的程序对欠费客户实施停电措施。停电通知书须按规定履行审批程序，在停电前三至七天内送达客户，可采取客户签收或公证等方式送达。对重要客户的停电，应将停电通知书报送同级电力管理部门。在停电前30min，将停电时间再通知客户一次，方可在通知规定时间实施停电。

对欠费客户停（限）电时，应按下列程序办理：

（1）将停（限）电的客户通过客户欠费停电审批表，按照审批权限报相关人员批准后执行。

1）低压客户停电审批：由催费人员提出停电申请，由供电服务所/供电营业所所长审批并提出审批意见。

2）高压客户、专线客户停电审批：由催费人员提出停电申请，由供电服务所/供电营业所所长提出审核意见，电费专责提出一级审核意见，分管主任提出二级审核意见，分管副总经理提出三级审核意见，均无异议后方可执行。

3）客户欠费停电审批表应纳入班所档案资料管理备查。

（2）对客户实施停（限）电时，低压客户应提前7天送达催费提醒通知单（附录8-5）；高压客户应提前7天送达欠费催收通知单（附录8-6），并请客户签字确认。

（3）对高压客户停电实施停（限）电，停电人员应至少提前1天用录音电话通知停电客户，说明原因及具体停电时间（精确到年、月、日、时、分），当日停电前停电人员应至少提前30min用录音电话再次通知欠费客户（通话中应明确告知欠费客户此次通话时间及停电时间，体现停电前提前了30min告知客户），两次通话录音记录应至少保存2年。

（4）对客户实施停电时，对低压客户应在客户电表处张贴停电通知（附录8-7），停电通知上应留有供电公司的复电电话；对高压客户应向客户发放欠费停电通知单（附录8-8），并请客户签字确认。

（5）在对重要客户实施停（限）电时，要充分估计停（限）电对客户的影响，督促客户及时调整用电负荷。在对其送达欠费停电通知单时要报营销部和同级电力管理部门备案，对停（限）过程中出现的问题要及时加以解决和汇报。

重要客户是指中断供电后将造成人身伤亡、重要设备损坏、连续生产过程长期不能恢复、产品大量报废、对环境严重污染及在政治、经济上有重大影响和损失的客户，对中断供电可能造成重要公共秩序混乱或聚众闹事的客户也按重要客户对待。

（二）复电

《供电营业规则》（电力工业部令第 8 号）第六十九条规定，引起停电或限电的原因消除后，供电企业应在三日内恢复供电。不能在三日内恢复供电的，供电企业应向用户说明原因。

供电服务所/供电营业所所长通过电力营销管理系统、95598 及客户电话反应客户电费已完清，并认真核对正确后应及时通知相关人员尽快进行复电；复电时间原则上为城市 4h 内、农村 12h 内复电，最长不得超过 24h。

模块三 电费账务管理

【模块描述】 本模块介绍电费账务管理的概念、主要内容等，通过学习，可以熟悉电费账务管理。

一、电费账务管理的概念

电费账务管理是指抄核收业务之后所发生的电费资金及账务的审核管理、票据及账务的资料管理，并形成正式的报表、凭证和台账，主要包括应收账务管理、实收账务管理和电费票据管理。

（一）应收账务管理

应收账务管理是抄表审核完毕后对各项数据进行汇总统计，包括每个行业分类的计费电量、应收电费和代收电费等数据，按照抄表段，每天、每月进行汇总。

（二）实收账务管理

实收账务管理是通过各种收费方式对客户进行收费后，对数据进行汇总统计，按每天、每种收费方式、每月进行汇总。

营业账簿主要包括电费总账、现金账、银行存款日记账、分类账、收入明细账。

（三）电费票据管理

电费票据应严格管理。经当地税务部门批准后方可印制，并应加印监制章和专用章。电费票据的领取、核对、作废及保管应有完备的登记和签收手续。未经税务机关批准，电费发票不得超越范围使用。严禁转借、转让、代开或重复出具电费票据。票据管理和使用人员变更时，应办理票据交接登记手续。

（1）建立电费发票管理台账。每月编制电费发票使用报表（附录 8-9），内容包括电费发票入库数和起讫号码、领取数和起讫号码、已用数和起讫号码、作废数和发票号码、未用数和起讫号码。

（2）电费发票应使用当地税务部门监制的专用发票，加盖发票专用章和填制人签章后有效。不得使用白条、收据或其他替代发票向客户开具电费发票。

（3）电费发票应通过营销信息系统计算机打印，并在营销信息系统中如实登记开票时间、开票人、票据类型和票据编号等信息。严禁手工填写开具电费发票。电费发票存根联保存期为五年，期满后由财务资产部负责注销。

（4）客户申请开具电费增值税发票的，经审核其提供的税务登记证副本及复印件、银行开户名称、开户银行和账号等资料无误后，从申请当月起给予开具电费增值税发票，申请以前月份的电费发票不予调换或补开增值税发票。

（5）对作废发票，须各联齐全，每联均应加盖作废印章，并与发票存根一起保存完好，不得丢失或私自销毁。

（6）电费票据发生差错时，当月票据差错，必须收回原发票联并作废，同时开具正确的票据。往月票据差错，必须收回原发票联，开具相同内容的红字发票，并将收回的发票联粘贴在红字存根联后面以备核查，同时开具正确的票据。需要开具红字增值税发票的，必须按照税务有关规定执行。

（7）票据使用部门应设专人妥善保管空白票据、电费专用印章和票据登记簿，一旦发现票据、印章丢失，应于发现当日立即向上级报告。票据管理和使用人员调动工作时，必须办理票据交接手续，移交票据。电费专用印章应严格在规定的范围使用，印章领用、停用及管理人员变更时，应办理交接登记手续。

二、电费账务管理的主要内容

1. 电费账务管理的主要内容

（1）发票管理，即发票的领用、发放、登记、作废和清理。

（2）坐收、走收、托收账务管理，以及开设账本、登账、核账。

（3）银行电费账户管理。

（4）金融机构代收电费资料、数据准备/传送/接收。

（5）金融机构代收电费对账。

（6）账务报表，即各级在收费完成后应形成的清单和报表。

2. 电费账务管理的主要原则

（1）遵循账务集中处理的原则。

（2）遵循"收支两条线"的原则。

（3）严格管理电费账户、电费单据的原则。

（4）遵循电费"日清月结"的原则。

三、电费账务管理要求

严格执行电费账务管理制度。按照财务制度设置电费科目，建立客户电费明细账，电费明细账应能提供客户名称、结算年月、欠费金额、预收金额、电量电费及各项代征基金金额等信息，做到电费应收、实收、预收、未收电费台账及银行电费对账台账（辅助账）等电费账目完整清晰、准确无误，确保电费账目与财务账目一致。

电费账务应准确清晰。按财务制度建立电费明细账，编制实收电费日报表、日累计报表、月报表，严格审核，稽查到位。

（1）每日应审查各类日报表，确保实收电费明细与银行进账单数据一致、实收电费与进账金额一致、实收电费与财务账目一致、各类发票及凭证与报表数据一致。不得将未收到或预计收到的电费计入电费实收。

（2）当日解款前发现错收电费的，可由当日原收费人员进行全额冲正处理，并记录冲正原因，收回并作废原发票。当日解款后发现错收电费的，按退费流程处理，退费应准确、及时，避免产生纠纷。

（3）台账管理人员每日对二天未达账的直接付款资金及三天未达账的其他付款资金进行预警，月末最后5个工作日每日对截至当天所有未达账的资金进行预警并跟踪，营业厅班长负责根据预警情况及时进行清理并联系银行查明账款走向，抄表催收人员负责及时联系客户查账并进行相应处理。

催收人员及时与电费回收预警的客户进行沟通，对当月存在电费风险的客户，填写风险客户台账，上报相关专责及主任，并随时跟踪反馈处理情况。

（4）台账管理人员根据电费收费人员的专变客户日报登记专变电费台账，专变电费台账中必须包含每户专变客户的当月应收、预收、调账、结余等信息，并根据系统对异常情况客户进行逐户审核，对电费账务的正确性负责。每周根据预收情况发布预存电费执行周报，每月根据当月电费账务情况发布电费月报。

（5）台账管理人员每月负责完成系统中的收费交接及凭证审核、记账，完成电费总账关账检查，并在月末根据系统生成的凭证与财务进行当月电费情况的核对。

（6）电费资金实行专户管理，不得存入其他银行账户。应加强电费账户的日常管理，确保营销业务系统中电费账户信息准确。

项目9 电费的统计与分析

> 熟悉电费统计。
> 了解电费分析。

能力目标

> 能够进行电费统计和分析。

模块一 电费的统计

【模块描述】 本模块介绍电费统计的基本概念、分类,通过学习,可以熟悉电费的统计。

一、电费统计的基本概念

电能销售统计一般是依据国家标准所制定的《国民经济行业用电分类》和电价类别进行。

行业用电分类是将复杂的社会用电现象划分为不同用电性质,以便在全国范围内各单位和各地区间的统计指标进行比较,从而研究社会各行各业的用电情况及其变化规律性。例如农业、轻工业、重工业,第一产业、第二产业、第三产业,大工业、农业、居民生活、一般工商业及其他等。

电能销售统计的基础工作是将所有客户按照国民经济行业用电分类和电价分类的划分标准正确地划分类型,并对其注明划分标识,在抄表核算终了后,按照不同的标识进行各项统计指标的汇总。

二、电费统计的分类

电费可按总量指标、相对数、平均数进行统计。

(一)总量指标

总量指标是反映社会经济现象总规模和总水平的综合指标。电能销售统计工作应提供全社会各行业及人民生活用电的总量指标。

总量指标是最常用的基本指标,是相对数和平均数的基础。

总量指标是一定的销售电量与销售收入的具体表现,计算时必须用一定的计量单位。在电能销售统计中所用的计量单位是实物指标,如客户个数、月末用电设备容量的千瓦数、用电量千瓦时数及货币单位等。

(二)相对数

相对数是两个有关联的指标对比,是反映现象之间数量上的联系程度和对比关系的综合指标。

采用相对数是为了便于对各行业用电现象进行比较,例如售电计划完成率。

$$售电计划完成率 = \frac{实际售电量}{计划售电量} \times 100\%$$

（三）平均数

平均数是反映总体各单位某一数量标志一般水平的综合指标。

平均数把总体单位之间标志值的差异抽象化，成为表明总体数量特征的一个代表值，可以反映总体单位标志值分布的集中趋势，如某省在某一时间段的平均售电单价等。

研究全省及各地、市平均电价现状及其差异变化，就必须采用平均数，例如平均电价。

$$平均电价 = \frac{\sum 各分类电价 \times 各分类售电量}{总售电}$$

模块二　电费的分析

【模块描述】　本模块介绍电费分析的内容、分类、电力销售状况分析，通过学习，可以熟悉电费的分析。

一、电费分析的内容

电费分析的内容主要包括：

（1）整理好统计报表，收集、整理有关历史资料，建立健全统计制度。

（2）统计数据必须准确、齐全。

（3）要与有关部门建立正常的联系，做到渠道畅通、互通情况、信息及时可靠。

（4）坚持实事求是的科学态度。

（5）定期开展分析活动，形成制度。

（6）组织培训，提高电费工作人员水平，发动全体营业职工参与培训。

二、电费分析的分类

电费分析包括全面分析、典型分析、异常情况分析、专题专析。

（1）全面分析。分析报告期的户数、售电量、平均电价、电费等按行业、地区的变化情况，总结报告期的工作成果，找出问题或原因，提出措施或建议。

（2）典型分析。对一个行业、一个用户的电量、电价、电费及其构成的变化原因进行分析。

（3）异常情况分析。对某行业或用户的售电量急剧升降或电费变化较大，或营业检（普）查中发现的一些带普遍性或特殊性的问题进行分析。

（4）专题专析。对一个问题（如从售电量、电价水平、电价构成、电价执行、电费等当中选一个）进行深入地分析。

三、电力销售状况分析

电力销售状况分析，主要是以销售利润为中心，对其构成要素的影响情况做进一步的细化分析，其目的是通过对售电量、售电收入、售电平均电价、线损及购电量的完成情况分析，找出影响销售利润的主要因素，提出改进措施，为领导经营决策提供科学依据，同时也可为上级机关制定电力发展规划和电价政策提供依据。

在电力企业，销售利润是指销售收入与购电成本的差额，其计算公式为：

$$销售利润 = 销售收入 - 购电成本 = X_1 P - X_2 B = X_1 P - \frac{X_1}{1-\alpha} B = X_1 \left(P - \frac{1}{1-\alpha} B \right)$$

式中 X_1——售电量，kWh；

$\quad\quad X_2$——供电量，kWh；

$\quad\quad P$——不含税售电平均电价，元/kWh；

$\quad\quad B$——购电价，元/kWh；

$\quad\quad \alpha$——线损率。

在实际分析中，通常是将指标完成情况与计划数值对比进行分析，找出销售利润增减值。

销售利润增减值＝销售利润完成值－销售利润计划值

电力销售利润分析主要包括：

（一）售电量对销售利润的影响分析

售电量越大，销售利润越高，因此需要提高售电量。

通过对专用变压器用户售电量明细表（附录 9-1）、典型客户售电量分析（附录 9-2）等，寻找提高售电量的方法。

提高售电量的方法主要有：

（1）优化售电结构，有效扩大售电量。

（2）积极采取措施，努力提高售电平均电价。

（3）强化营销管理，堵塞漏洞，降低损耗。

（4）加强购电分析，降低购电成本。

售电量预测分为月度预测分析与年度滚动预测两种，立足重点行业，以典型客户为着眼点，细化预测电量波动可能性，有效支撑预测结论。

（二）售电平均电价对销售利润的影响分析

售电平均电价的分析主要是从用电类别、售电收入构成、调价因素、售电结构变动等，对累计售电均价发展趋势和变化情况进行分析。

1. 售电结构变化的分析

售电结构变化对售电收入的影响＝（本期分类售电比例－基期分类售电比例）×本期总售电量×基期平均售电单价

分类售电比例＝分类售电量/总售电量

2. 售电单价变化的分析

（1）售电单价变化对售电收入的影响＝（本期分类售电单价－基期分类售电单价）×本期分类售电量

（2）售电单价变化对平均电价的影响＝售电单价变化对售电收入的影响/本期售电量

总之，分析售电量、平均电价等关键指标，充分挖掘重大事件、政策执行、气候变化、节假日错期、公司业务调整等影响因素，并做量化分析。

四、电费统计和分析管理

（1）各级供电企业逐级编制、审核、汇总并按规定时限上报各类电费报表和分析报告。

（2）建立电费报表数据质量的全过程控制体系，加强数据质量检查与考核，确保统计数据的唯一性、真实性、准确性。

（3）定期开展电费电价分析，主要内容应包括售电量、售电结构、平均电价、大客户用电情况、分时电价执行情况、阶梯电价执行情况等。

（4）定期开展电费回收及风险分析，主要内容应包括欠费结构、重大欠费客户、高风险行业、风险防控措施及成效等。

项目10 线 损 管 理

知识目标

➤ 清楚线损的基本概念，以及影响线损的因素。

➤ 熟悉线损管理、线损分析。

➤ 掌握降低线损的技术措施和管理措施。

能力目标

➤ 能够通过线损的计算，进行线损分析。

模块一 线 损

【模块描述】 本模块介绍线损的基本概念、影响线损的因素，通过学习，可以熟悉线损的主要内容。

一、线损的基本概念

（一）线损的定义

线损是电能从发电厂传输到用户的过程中，在输电、变电、配电和用电各环节中所产生的全部电能损耗，主要由技术线损与管理线损两部分构成。

线损率是在一定时期内电能损耗占供电量的比率，是衡量电网技术经济性的重要指标，它综合反映了电力系统规划设计、生产运行和经营管理的技术经济水平。

$$线路损失率（线损率）=\frac{线路损失电量}{供电量}\times100\%=\frac{供电量-售电量}{供电量}$$

供电量是指供电企业在一段时间内供出的电能量。

供电量＝电厂上网电量＋电网输入电量－电网输出电量

售电量是供电企业通过电能计量装置测定并记录的各类电力用户消耗使用的电能量的总和，即销售给终端用户的电量。

（二）线损的分类

（1）按损耗的特点分类，线损可分为不变损耗、可变损耗和不明损耗。

不变损耗是指电网内所有变压器、测控仪表、二次回路等构成的损耗。

可变损耗是指电网中的设备和线路的电能损失，这些损耗随负荷电流的变化而变化。

不明损耗是指理论计算损失电量与实际损失电量的差值。

（2）按损耗的性质分类，线损可分为技术损耗和管理损耗。

技术线损，是指经由输变配售设施所产生的损耗，技术线损可通过理论计算来获得，主要包括不变损耗和可变损耗。

管理线损，是指在输变配售过程中由于计量、抄表、窃电及其他管理不善造成的电能损失。

二、影响线损的因素

影响线损的主要因素有电压与电流、功率因数、运行方式、计量装置、管理因素等。

电网线损管理中存在的问题有：供配电网络规划、设备选型不够合理；管理制度不健全、管理方式不规范；计量装置的管理不够规范；管理人员素质有待提高；电力营销管理滞后等。

造成线损率升高的原因有：

（1）供、售电量抄表时间不一致，抄表例日变动，提前抄表使售电量减少。

（2）由于检修、事故等原因破坏了电网正常运行方式，以及电压低造成损失增加。

（3）季节、负荷变动等原因使电网负荷潮流有较大变化，使线损增加。

（4）一、二类表计有较大的误差，或供电量抄多错算。

（5）退前期电量和漏本期电量，包括用户窃电。

（6）供、售电量统计范围不对口，供电量范围大于售电量。

（7）无损户的用电量减少。

模块二　线　损　管　理

【模块描述】　本模块介绍线损管理的概念、线损"四分"管理技术、线损分析，通过学习，可以熟悉线损管理，了解降低线损的技术措施和管理措施。

一、线损管理的概念

线损管理是指为确定和达到电网降损节能目标所开展的各项管理活动的总称。

线损管理是从电力网各个环节出发，通过制定和实施一系列规划计划、统计分析、考核奖惩等措施，实现"技术线损最优，管理线损最小"。

线损管理作为电网经营企业一项重要的经营管理内容，应以"技术线损最优，管理线损最小"为宗旨，以深化线损"四分"（分区、分压、分元件、分台区）管理为重点，实现从结果管理向过程管理的转变，切实规范管理流程，提高线损管理水平。

线损管理应坚持统一领导、分级管理、分工负责、协同合作的原则，实现对线损的全过程管理。

二、线损"四分"管理技术

线损"四分"管理是对管辖电网采用分区管理、分压管理、分元件管理和分台区管理的综合管理方式。

分区管理是指对所管辖电网按供电范围划分为若干区域进行统计、分析及考核的管理方式。区域一是指按照行政区划分为省、地市、县级等电网，二是指变电站围墙内各种电气设备组成的区域。

分压管理是指对所管辖电网按不同电压等级进行统计、分析及考核的管理方式。

分元件管理是指对所管辖电网中各电压等级线路、变压器、补偿元件等电能损耗进行分别统计、分析及考核的管理方式。

分台区管理是指对所管辖电网中各个公用配电变压器的供电区域损耗进行统计、分析及考核的管理方式。

线损"四分"管理工作的主要实施办法有：

（1）建立"四分"管理工作架构。

（2）完善四分管理的各级表计对应关系，保证四分管理建立在一个数据对应正确、统计准确的平台上。

（3）对供电线路分压、分线进行电量统计。

（4）对变电站母线电量不平衡率加以统计。

（5）建立与完善各线路、台区网络参数的基础资料，每年进行理论线损计算。

（6）锁定相关重点区域及重点客户进行用电检查，打击和查处偷、漏电及违约用电案件，保证线损管理的成效。

（7）建立网络结构合理、供电设施损耗小、无功补偿平衡的节能型供电网络。

（8）建立、健全计量装置的技术档案，定期轮换淘汰超期服役、精度不够的表计，采用新的管理技术手段。

三、线损分析

线损分析管理功能包括每天查看全覆盖台区线损自动计算情况，对线损超标和异动台区进行分析、重点监测并安排处理。各级运检部门应做好配网档案的维护，配合各级供电企业营销部做好营配数据的对应工作。

建立定期线损分析机制，以月度、季度及年度为周期开展线损分析。月度针对异常情况进行分析，每季度进行一次全面分析、半年进行一次小结、全年进行一次总结，跟踪分析线损率变化情况，及时解决线损率计划执行过程中的问题，确保线损率计划完成。

（一）线损分析的原则

（1）定量与定性分析相结合，以定量分析为主。

（2）同比、环比及与理论线损对比分析。

（3）线损四分指标与辅助指标分析并重。

（二）线损分析的内容

线损分析内容主要包括指标完成情况（线损四分指标与辅助指标）、线损构成、统计线损与计划和理论线损的比较分析、线损波动及异常原因分析、线损管理存在的问题和拟采取的降损措施等。

1. 线损率指标

建立线损率指标管理体系，包括主要指标和辅助分析指标。

（1）主要指标由线损率、"四分"线损率等指标构成。

1）地区线损率＝（地区供电量－地区售电量）/地区供电量×100%

地区供电量＝本地区电厂 220kV 以下上网电量＋省网输入电量－向省网输出电量

地区售电量＝本地区用户抄见电量

2）分压线损率＝（该电压等级输入电量－该电压等级输出电量）/该电压等级输入电量×100%

该电压等级输入电量＝接入本电压等级的发电厂上网电量＋本电压等级外网输入电量＋上级电网主变压器本电压等级侧的输入电量＋下级电网向本电压等级主变压器输入电量（主变压器中、低压侧输入电量合计）

该电压等级输出电量＝本电压等级售电量＋本电压等级向外网输出电量＋本电压等级主变压器向下级电网输出电量（主变压器中、低压侧输出电量合计）＋上级电网主变压器本电

压等级侧的输出电量

3）分元件线损率元件损失率 ＝ 元件（输入电量 － 输出电量）／ 元件输入电量×100％

变压器输入电量是变压器高中低压侧流入变压器的电量之和，变压器输出电量是变压器高中低压侧流出变压器的电量之和。

4）分台区线损率＝（台区总表电量－用户售电量）/台区总表电量×100％

两台及以上变压器低压侧并联，或低压联络开关并联运行的，可将所有并联运行变压器视为一个台区单元统计线损率。

（2）辅助分析指标由母线电能平衡合格率、变电站站用电量、地市办公用电、分线分台区线损管理比例、月末 25 日及以后抄表电量比重、月末日抄表电量比重、等效抄表时间、配电变压器三相负荷平衡合格率等指标构成。

1）母线电能不平衡率：变电站母线输入与输出电量之差称为不平衡电量，不平衡电量与输入电量比率为母线电能不平衡率。该指标反映了电能平衡情况。

母线电能不平衡率＝（输入电量－输出电量）/输入电量×100％

2）月末抄表电量比重：月末 25 日及以后抄表电量比重是指 25 日零时至本月最后一天 24 时累计抄表电量之和占全月抄表电量的比例。

3）月度等效抄表时间：月度等效抄表时间＝$\sum e\times i/E$。其中，e 为每日抄表发行电量；i 为日历天数；E 为每月售电量。

4）变电站站用电量：变电站站用电是指变电站内部各用电设备所消耗的电能。主要是指维持变电站正常生产运行所需的电力电量，具体包括：主变压器冷却系统用电，蓄电池充电机用电，保护、通信、自动装置等二次设备用电，监控系统及其附属设备用电，深井泵和消防水泵用电，生产区照明及冷却、通风等动力用电，断路器、隔离开关操动机构用电，设备检修用电等。

5）办公用电：办公用电是指供电企业在生产经营过程中，为完成输电、变电、配电、售电等生产经营行为而必须发生的电能消耗，电能所有权并未发生转移，包括供电企业所属机关办公楼、调度大楼、供电（营业）所、检修公司、信息机房、集控站等办公用电，不包括供电企业租赁场所用电（非供电单位申请用电的）、供电企业出租场所用电、多经企业用电和集体企业用电、基建技改工程施工用电。

6）分线、分台区管理比例：分线、分台区管理比例是指以线路或台区为单元开展线损管理的情况。分线管理比例按照电压等级进行分别统计。

某一电压等级分线管理比例＝该电压等级进行线损管理的线路条数/该电压等级线路总条数×100％

分台区管理比例＝按台区进行线损率统计分析管理的个数/台区总数×100％

7）配电变压器三相负荷不平衡率：反映某配电变压器所带三相负荷的均衡度情况，通常采用三相电流进行衡量，三相电流不平衡率不应超过 15％。为了便于月度统计，采用三相电量进行衡量，其不平衡率也不应超过 15％。

$$\beta = \frac{E_{\max} - E_{\min}}{E_{\max}} \times 100\%$$

式中　β——三相电量不平衡率，％；

　　$E_{\max}$——三相相电量中最大值，MWh；

$E_{\min}$——三相相电量中最小值，MWh。

2. 降低线损的技术措施和管理措施

（1）技术措施：科学规划和改造电网的布局和结构，合理选型，保证供配电设备的经济运行等。

1）电网规划建设时，应将节能降损作为技术经济分析的重要内容，形成电网节能专题报告并进行审核，以不断优化电网结构的合理性。

2）制定年度节能降损的技术措施计划，在年度生产技改、大修项目中标注，并纳入年度综合计划，待计划下达后组织实施。各级运检部应优先安排实施投资少、工期短、降损节电效果显著的工程项目。

3）根据电网负荷潮流变化及设备技术状况，优化调度运行方式，开展无功电压优化控制，加强无功补偿设备的运行管理，实现无功分层、分区就地平衡，改善电压质量，降低电能损耗。

4）加强配电网经济运行工作，提高配电变压器的负荷率和三相负荷平衡率，加大高损配电线路、高损台区综合改造力度，逐步更换高耗能配电变压器，减少高损设备。

5）充分利用理论线损计算、线损管理系统等科学分析手段，对所辖电网内理论线损情况进行优化分析，开展降损项目研究。

6）积极推广应用新技术、新工艺、新设备和新材料，利用科技进步的成果降低技术线损。

（2）管理措施：

1）不断深化线损"四分"管理，建立健全相关工作机制，及时更新维护基础资料信息库，落实线损管理职责分工，实现精细化线损管理的持续发展。

2）坚持"依法治电、反防结合"的方针，充分运用营销自动采集信息化手段实现对用户用电在线监测，加大反窃电工作力度。积极开展防窃电措施的研究和推广，利用高科技手段进行防窃电管理。

3）严格抄表制度，强化例日管理。供电量方面，购外网电量、购电厂电量严格执行月末日 24 时抄表。售电量方面，一是不断提高售电量月末抄见电量比重，尽量减小供售电量统计不同期的影响，准确反映线损情况；二是所有客户的抄表例日应予固定，不得随意变更，对于例日调整预计影响"四分"线损率同比波动，须会同线损相关管理部门共同协商后，报上级单位批准后方可执行。

4）加强对用户无功电力的管理，提高用户无功补偿设备的补偿效果，促进客户采用集中和分散补偿相结合的方式，提高功率因数。

项目 11　用 电 检 查

知识目标

> ➤ 清楚用电检查的概念、主要内容。
> ➤ 掌握违约用电与窃电的处理。
> ➤ 熟悉反窃电的工作。

能力目标

> ➤ 可以进行用电检查工作。
> ➤ 能够进行违约用电与窃电的处理。

模块一　用电检查的概念

【模块描述】　本模块介绍用电检查的基本概念、主要内容、客户用电安全检查、用电检查人员的要求，通过学习，可以熟悉用电检查。

一、用电检查的基本概念

用电检查是依据国家有关政策、法律、法规和电力企业相关的规章制度，对从事电力营销工作的单位或人员，在电力营销过程中的行为进行监督和检查，同时对电力客户进行安全、隐患、计量、质量、营销、设施性能各方面的管理、检测、评估的行为。

二、用电检查的主要内容

用电检查管理主要包括电能计量业务检查、电费账务检查、供用电合同管理检查、客户用电安全检查、客户服务质量检查、营销质量考核监督等。

用电检查工作贯穿于为电力客户服务的全过程，可以说从某一客户申请用电开始，直到客户销户终止供电为止，都有其职责，既有对客户的服务工作，同时也担负着维护供电企业合法权益的任务。

执行用电检查任务前，用电检查人员应按规定填定用电检查工作单（附录 11-1），经审核批准后，方能赴用户处执行查电任务。查电工作终结后，用电检查人员应将用电检查工作单交回存档。用电检查工作单的内容包括客户名称、用电检查人员姓名、检查项目及内容、检查日期、检查结果，以及客户代表签字等。

用电检查人员实施现场检查时，用电检查人员的人数不得少于两人。经现场检查确认用户的设备状况、电工作业行为、运行管理等方面有不符合安全规定的，或者在电力使用上有明显违反国家有关规定的，用电检查人员应开具用电检查结果通知书（附录 11-2）一式两份，一份送达用户并由用户代表签收，另一份存档备查。

用电检查可以分为计划性检查、营业普查、专项检查、事故检查和突击性检查等。

（一）计划性检查

计划性检查是一种周期性的按计划进行的日常检查。

1. 计划性检查的周期

计划性检查的周期规定：对重要电力每 6 个月至少检查 1 次；35kV 及以上电压等级的用户，宜 6 个月检查 1 次；10 (6) kV 用户，宜 12 个月检查 1 次。

在系统中合理安排周期性检查计划，每月认真开展用电安全周期检查，加强调度专业协同，重点关注客户保护和自动装置整定情况，及时指导客户消除安全隐患。

此外，对有违约用电、窃电行为嫌疑的客户应根据实际情况缩短用电检查的周期。

2. 计划性检查的内容

计划性检查的内容主要包括：

(1) 客户基本情况，如客户户名、地址、联系人、企业法人代表、电话、邮编、所属行业、主要用电类别、生产班次、主要产品、生产工艺流程、负荷构成和负荷变化情况；受电设备和用电设备情况、电气设备的主接线、供用电合同、主要设备参数（如变压器容量、型号、编号等）；电容器的安装和投运容量变化情况、谐波和冲击负荷的治理情况、非并网自备电源的连接和容量的变化情况。

(2) 客户执行国家有关电力供应与使用的法规、方针、政策、标准、规章制度情况。

(3) 客户受（送）电装置电气设备运行安全状况；客户保安电源和非电性质的保安措施，检查客户反事故措施落实情况；检查客户进网作业电工的资格、进网作业安全状况及作业安全保障措施。

(4) 检查客户执行计划用电、节约用电的情况。

(5) 检查客户电能计量装置及运行情况，检查计量点设置是否合理，有功、无功计量装置配置是否完备和合理。

(6) 检查客户电力负荷控制装置、继电保护和自动装置、调度通信等安全运行状况。

(7) 检查供用电合同及有关协议履行的情况；检查受电端电压质量，冲击性、非线型、非对称性负荷运行状况及所采取的治理措施。

(8) 检查客户功率因数情况和无功补偿设备投运情况，并督促客户达到规定功率因数要求；督促客户对国家明令淘汰的设备进行更新或改造。

(9) 检查客户有无违章用电和窃电行为；检查客户并网电源、自备电源并网安全状况。

(10) 对上次检查时发现的客户设备缺陷，检查其处理情况和其他需要采取改进措施的落实情况及法律、法规规定的其他检查内容。

在检查客户受（送）电装置中电气设备运行安全状况时，还要注意下述几个方面：

(1) 检查客户设备运行有无异常和缺陷。

(2) 防雷设备和接地系统是否符合有关规定和规范的要求。

(3) 检查客户电气设备的各种联锁装置的可靠性和防止反送电的安全措施。

(4) 检查客户操作电源系统的完好性。

(5) 检查客户变配电所（站）安全防护措施落实情况，如防小动物、防雨雪、防火、防触电等措施；检查安全用具、临时接地线、消防器具是否齐全合格，存放是否整齐，使用是否方便。

(6) 检查客户供电专线的运行情况。

(7) 检查客户继电保护和自动装置周期校验情况及高压电气设备的周期试验报告。

(8) 检查客户变电所（站）内各种规章制度及管理运行制度执行情况。

（二）营业普查

营业普查是指根据某一阶段营销管理工作的要求，供电企业组织有关部门集中一段时间在较大范围内对企业内部执行规章制度的情况、客户履行供用电合同的情况及违约用电和窃电行为进行的检查。通过营业普查可以及时地了解客户用电负荷的变化情况，了解客户用电安全情况，发现电力营销过程中的一些差错情况，完善客户基础资料的管理。

除临时设立的营业普查领导组织机构外，由各级用电检查部门负责营业普查日常管理工作及营业普查工作的分析、汇总报表等工作。

营业普查的内容包括：核对供电企业内部各种用电营业基础资料；对月电量较大的客户、用电量发生波动较大的客户和用电行为不规范的客户进行重点检查；检查客户的抄表有无漏户、错抄收、漏抄收及错算、漏算、基本电费差错等现象；检查供用电合同的执行情况；查处客户的违约用电或窃电行为；核对客户用电容量、电价分类及执行情况，检查有无混价现象；检查无功补偿装置的运行情况；检查客户计量装置有无接线错误、走字不准、接触不良等错误。

营业普查方法通常包括：

（1）内部检查：主要检查营业规章制度的执行情况，核对客户用电基础资料、计量和电费账卡、计费参数等数据的准确性和一致性，自查用电业务各项收费的正确性。

（2）外部检查：重点检查供用电合同履行情况和电能计量、负荷管理、调度通信装置的安全运行情况及查处违约用电和窃电行为。

（3）内外部检查相结合：用电检查人员到客户处进行普查之前逐户核准客户用电基础资料及计量和电费账卡；在执行现场检查任务时，对每个被普查的客户登记填写用电营业普查登记表，现场检查确认有违约用电或窃电行为的，应按照违约用电和窃电行为查处的有关规定进行处理。

（三）专项检查、事故检查和突击性检查

1. 专项检查

专项检查是一种针对性的检查，一般包括以下几种：

（1）特殊性检查：为确保各级政府组织的大型政治活动、大型集会、庆祝、娱乐活动及其他大型专项工作安排活动的供电安全性和可靠性，对相应范围的客户专门进行的用电检查。

（2）季节性检查：每年根据季节的变化对客户设备进行的安全检查，检查内容如下。

1）防污检查：检查重污秽区客户反污措施的落实，推广防污新技术，督促客户改善电气设备绝缘质量，防止污闪事故发生。

2）防雷检查：在雷雨季节到来之前，检查客户设备的接地系统、避雷针、避雷器等设施的安全完好性。

3）防汛检查：汛期到来之前，检查所辖区域客户防汛电气设备的检修、预试工作是否落实，电源是否可靠，防汛的组织及技术措施是否完善。

4）防冻检查：冬季到来之前，检查客户电气设备、消防设施防冻情况，防止小动物进入配电室及带电装置内等。

2. 事故检查

事故检查是指客户发生电气事故后，除汇报有关部门，进行事故调查和分析外，也要对客户设备进行一次全面、系统的检查。

3. 突击性检查

突击性检查是指对有违约用电、窃电行为嫌疑的客户进行突击检查。

三、客户用电安全检查

营销部负责客户用电安全检查服务工作。在用电安全检查服务时，必须遵守 GB/T 31989—2015《高压电力用户用电安全》和《电力安全工作规程》、供用电合同等相关规定，不得擅自操作客户的电气装置及电气设备。

（一）客户用电安全检查的主要范围

客户用电安全检查的主要范围是客户的受（送）电装置，但客户有下列情况之一者，检查服务的范围可延伸至相应目标所在处：

（1）有多类电价的。

（2）有自备电源设备（包括自备发电厂、分布式电源等）的。

（3）有违约用电和窃电行为或存在安全隐患要延伸检查的。

（4）有影响电能质量的用电设备的。

（5）有影响电力系统的事故的。

（6）法律规定的其他用电检查。

（二）客户用电安全检查的主要内容

（1）用户受（送）电装置中电气设备及相应的设施运行安全状况。

（2）用户自备应急电源和非电性质的保安措施。

（3）用户反事故措施。

（4）特种作业操作证（电工）、进网作业安全状况及作业安全保障措施。

（5）用户执行需求响应、有序用电情况。

（6）电能计量装置、电力负荷控制装置、继电保护和自动装置、调度通信等安全运行状况。

（7）受（送）电端电能质量状况。

（8）设备预防性试验开展情况。

（9）并网电源、自备电源（分布式光伏及其配套储能装置等）并网安全状况。

（10）对重要电力用户，还应检查现有定级是否准确、供电电源配置与重要性等级是否匹配。

（11）主动跟踪客户用电安全情况，及时督促客户消除安全隐患：

1）应建立用电检查电子化记录，按照一户一档的要求，对高危及重要用户相关档案实施集中化、电子化管理。

2）对客户用电安全隐患，应提出整改意见，以书面形式告知客户，并由客户签收。

3）指导帮助并督促客户完成安全隐患整改，对于客户不实施安全隐患整改并危及电网或公共用电安全的，应立即报告当地政府电力主管部门、安全生产主管部门和相关部门，按照规定程序予以停电。

4）用户对其设备的安全负责，供电企业不承担因被检查设备不安全引起的任何直接损坏或损害的赔偿责任。

（三）用电安全检查服务的分类

用电安全检查服务分为定期安全服务、专项安全服务和特殊性安全检查服务。定期安全服务可以与专项安全服务相结合。

定期安全服务是指根据规定的检查周期和客户安全用电实际情况，制定检查计划，并按照计划开展的检查工作。对重要电力用户每 6 个月至少检查 1 次；35kV 及以上电压等级的用户，宜 6 个月检查 1 次；10（6）kV 用户，宜 12 个月检查 1 次；对 380V（220V）低压用户，应加强用电安全宣传，根据实际工作需要开展不定期安全检查；具备条件的，可采用状态检查的方式开展检查；同一用户符合以上两个条件的，以短周期为准。

专项安全服务是指每年的春季、秋季安全检查及根据工作需要安排的专业性检查诊断，检查重点是客户受（送）电装置的防雷防汛情况、设备电气试验情况、继电保护和安全自动装置等情况。

特殊性安全检查服务是指因重要保电任务或其他需要而开展的用电安全检查。

四、用电检查人员的要求

（1）作风正派、坚持原则、遵纪守法、秉公执法、廉洁奉公。

（2）熟悉电力法律、法规、政策和供用电规章制度。

（3）有一定的电力营销业务知识、电气技术知识，会计算机操作等。

模块二　违约用电、窃电行为的处理

【模块描述】　本模块介绍违约用电行为及其处理、窃电行为及其处理、反窃电工作，通过学习，可以熟悉违约用电与窃电的处理。

一、违约用电行为及其处理

（一）违约用电行为

《电力供应与使用条例》（国务院令第 196 号）第三十条规定，用户不得有下列危害供电、用电安全，扰乱正常供电、用电秩序的行为：

（1）擅自改变用电类别。

（2）擅自超过合同约定的容量用电。

（3）擅自超过计划分配的用电指标的。

（4）擅自使用已经在供电企业办理暂停使用手续的电力设备，或者擅自启用已经被供电企业查封的电力设备。

（5）擅自迁移、更动或者擅自操作供电企业的用电计量装置、电力负荷控制装置、供电设施以及约定由供电企业调度的用户受电设备。

（6）未经供电企业许可，擅自引入、供出电源或者将自备电源擅自并网。

（二）违约用电行为的处理

《供电营业规则》（电力工业部令第 8 号）第一百条规定，危害供用电安全、扰乱正常供用电秩序的行为，属于违约用电行为。供电企业对查获的违约用电行为应及时予以制止。有下列违约用电行为者，应承担其相应的违约责任：

（1）在电价低的供电线路上，擅自接用电价高的用电设备或私自改变用电类别的，应按实际使用日期补交其差额电费，并承担二倍差额电费的违约使用电费。使用起讫日期难以确定的，实际使用时间按三个月计算。

（2）私自超过合同约定的容量用电的，除应拆除私增容设备外，属于两部制电价的用户，应补交私增设备容量使用月数的基本电费，并承担三倍私增容量基本电费的违约使用电费；其他用户应承担私增容量每千瓦（千伏安）50元的违约使用电费。如用户要求继续使用者，按新装增容办理手续。

（3）擅自超过计划分配的用电指标的，应承担高峰超用电力每次每千瓦1元和超用电量与现行电价电费五倍的违约使用电费。

（4）擅自使用已在供电企业办理暂停手续的电力设备或启用供电封存的电力设备的，应停用违约使用的设备。属于两部制电价的用户，应补交擅自使用或启用封存设备容量和使用月数的基本电费，并承担二倍补交基本电费的违约使用电费；其他用户应承担擅自使用或启用封存设备容量每次每千瓦（千伏安）30元的违约使用电费。启用属于私增容被封存的设备的，违约使用者还应承担本条第2项规定的违约责任。

（5）私自迁移、更动和擅自操作供电企业的用电计量装置、电力负荷管理装置、供电设施以及约定由供电企业调度的用户受电设备者，属于居民用户的，应承担每次500元的违约使用电费；属于其他用户的，应承担每次5000元的违约使用电费。

（6）未经供电企业同意，擅自引入（供出）电源或将备用电源和其他电源私自并网的，除当即拆除接线外，应承担其引入（供出）或并网电源容量每千瓦（千伏安）500元的违约使用电费。

二、窃电行为及其处理

（一）窃电行为

《电力供应与使用条例》（国务院令第196号）第三十一条规定，禁止窃电行为。窃电行为包括：

（1）在供电企业的供电设施上，擅自接线用电。

（2）绕越供电企业的用电计量装置用电。

（3）伪造或者开启法定的或者授权的计量检定机构加封的用电计量装置封印用电。

（4）故意损坏供电企业用电计量装置。

（5）故意使供电企业的用电计量装置计量不准或者失效。

（6）采用其他方法窃电。

（二）窃电行为的处理

《供电营业规则》（电力工业部令第8号）第一百零二条规定，供电企业对查获的窃电者，应予制止并可当场中止供电。窃电者应按所窃电量补交电费，并承担补交电费三倍的违约使用电费。拒绝承担窃电责任的，供电企业应报请电力管理部门依法处理。窃电数额较大或情节严重的，供电企业应提请司法机关依法追究刑事责任。

《供电营业规则》（电力工业部令第8号）第一百零三条规定，窃电量按下列方法确定：

（1）在供电企业的供电设施上，擅自接线用电的，所窃电量按私接设备容量（千伏安视同千瓦）乘以实际使用时间计算确定。

（2）以其他行为窃电的，所窃电量按计费电能表标定电流值（对装有限流器的，按限流器整定电流值）所指的容量（千伏安视同千瓦）乘以实际窃用的时间计算确定。

窃电时间无法查明时，窃电日数至少以一百八十天计算，每日窃电时间：电力用户按

12h 计算；照明用户按 6h 计算。

追补电费、违约使用电费交纳通知单见附录 11-3。

三、反窃电工作

电力企业的反窃电工作遵循"依法合规、打防结合、查处分离、综合治理"的原则。

加强现场检查程序规范化及高危重要客户管理，杜绝擅自操作客户设备等违章行为。反窃电现场检查过程中，应做好安全组织措施，保持安全距离，防止误碰带电装置，防范反送电风险，确保人身安全。

（一）反窃电工作的主要内容

电力企业应对其供电营业区内的客户开展反窃电工作，主要内容为：

（1）宣传贯彻国家有关反窃电的法律、法规、方针、政策，以及电力行业的相关标准。

（2）结合用电检查、营业普查、线损治理和现场安全服务，开展日常反窃电分析、检查和处理。

（3）依托业务信息系统，通过大数据分析定位窃电嫌疑客户，在反窃电稽查监控平台进行预警。

（4）受理举报、转办、移交的等各类窃电线索，查处嫌疑窃电案件，及时反馈处理结果。

（5）反窃电及预防窃电新技术、新设备的研发、推广和应用。

（6）依托社会诚信体系建设，将窃电客户的失信行为纳入征信体系。

（7）健全反窃电政企、警企等合作联动机制。

（8）开展反窃电相关技术培训、标准制度制定等其他相关工作。

（二）反窃电检查的主要范围

反窃电检查的主要范围是客户的电能计量装置，以及可能造成电能计量失准或失效的电气设备、连接线缆、运行方式等。

（三）反窃电查处流程

反窃电工作应落实"查处分离"要求，反窃电检查人员负责现场检查与取证，反窃电处理人员负责窃电处理。

反窃电查处的主要流程包括：发现窃电线索、分析窃电线索、确定检查对象、归集被检查对象信息、制定检查方案、现场检查取证、提出处理方案、追补电费和违约使用电费、资料归档等。

1. 现场检查与取证

电力企业应通过营业普查、专项检查、窃电举报、营销稽查监控、线损治理、业务信息系统预警等渠道，发现窃电线索。

处理 95598 渠道窃电举报时，应按照工单回复信息要求，填写现场检查人员、时间、地点，并上传现场照片、历史用电数据等证据，明确处理依据与结果；如未能在答复时限内完成处理，应说明原因和已采取的措施；对不属实举报要报送证明现场用电正常的图片等相关材料。

充分应用反窃电稽查监控、用电信息采集、营销业务应用等系统，持续完善数据分析模型，运用大数据技术开展窃电线索分析，精准定位窃电信息，确定检查对象。

反窃电检查人员通过各营销业务系统，归集被检查对象信息，根据客户性质、现场环境、历史用电信息等，制定检查方案。检查前做好保密措施和组织措施，填写用电检查工作单（附录 11-1），履行审批程序，必要时联合当地电力管理部门、公安部门等共同检查。

反窃电现场检查时，检查人数不得少于两人。

现场检查前，反窃电检查人员应严格按照现场作业安全规范要求，做好必要的人身防护和安全措施，携带摄影摄像仪器或现场记录仪、万用表、钳形电流表、证物袋等工具设备。

现场检查时应主动出示证件，并应由客户随同配合检查。对于客户不愿配合检查的，应邀请公证、物业或无利益关系第三方等，见证现场检查。

现场检查的取证应程序合法，证据链完整，实证清晰准确。可采取拍照、摄像、封存等手段，提取能够证明窃电行为存在及持续时间的物证、书证、影像资料等证据材料。

确有窃电的，应现场终止客户的窃电行为，并立即开具用电检查结果通知书（附录 11-2）一式两份，一份送达客户并由客户本人、法定代表人或授权代理人签字确认，一份存档备查。

电力企业对查获的窃电行为，应予制止并可当场中止供电，中止供电时应符合下列要求：

（1）应事先通知客户，不影响社会公共利益或者社会公共安全，不影响其他客户正常用电。

（2）对于高危及重要电力客户、重点工程的中止供电，应报本单位负责人及当地电力管理部门批准。

对于客户不配合签字、阻挠检查或威胁检查人员人身安全的，须现场提请电力管理部门、公安部门等依法查处，并配合做好取证工作。

完成现场检查后，反窃电检查人员应及时在营销业务应用系统发起窃电处理流程，并录入相关资料、证据等。

电力企业应加强对充电桩、分布式光伏接入、数字货币计算等新兴领域的窃电检查，对于发现的跨省作案、新型窃电、互联网传播窃电方法、规模制售窃电器材等线索，应第一时间将具体情况报送反窃电中心，由反窃电中心发布窃电预警。

2. 窃电处理

反窃电处理人员应严格审核窃电案件资料、证据，确保窃电处理准确规范。

反窃电处理人员应按《供电营业规则》（电力工业部令第 8 号）和相关法律法规确定窃电量，在窃电期间内发生电价调整的，按电价调整文件要求执行时间分段计算。

追补电费和违约使用电费应及时、足额，并录入营销业务应用系统，各单位不得擅自减免应补交的电费。

对于窃电造成供电设施损坏的，应要求窃电者承担修复费用或进行赔偿；对于窃电导致他人财产、人身安全受到侵害的，应协助受害人要求窃电者停止侵害并赔偿损失。

对于窃电数额较大、窃电情节严重或拒绝承担窃电责任的窃电者，电力企业应报请当地电力管理部门、公安部门依法处理。

对于发现的制售窃电器材、传播窃电技术等行为，应报请当地公安部门依法处理。

窃电处理结束后，按档案管理要求对窃电查处全过程资料进行归档，并长期保存；未进入行政或司法程序的窃电案件原则上应于 2 个月内办结归档。

对于已经进入行政或司法程序的窃电案件，窃电处理应按行政或司法机关的生效法律文书执行；及时跟踪进入司法程序的窃电案件，按季度向反窃电归口管理部门上报案件的进展情况。

对于涉案金额超过 100 万元的窃电案件，应在查处完成后 5 个工作日内将案件情况报送国网反窃电中心，不得迟报、瞒报、漏报。

完成窃电处理及费用结清后，由反窃电检查人员组织开展复电、计量恢复等现场工作。

对于反复窃电的、拒不接受处理的、被行政管理部门处理的、被司法机关依法追究刑事责任的窃电单位和自然人，各单位应及时对其失信行为进行确认，并将其失信信息纳入相关征信系统；对于其他窃电，结合实际情况将其失信信息纳入相关征信系统。

3. 反窃电查处人员要求

反窃电查处人员应恪守职业道德，严守工作纪律；熟悉国家有关法律法规、行业标准；具备必要的安全生产知识，掌握电气专业知识，具备用电检查、计量或营销稽查等专业工作知识。

反窃电查处人员应接受相关的安全生产教育和岗位技能培训，经考试合格后上岗。

（四）预防窃电

加强反窃电和预防窃电的技术研究，积极推进成果转化，按照公司新技术推广管理流程加大推广应用力度，降低窃电风险。

开展模拟窃电试验研究，对可能出现的窃电手段进行模拟、测试及验证，及时掌握窃电攻防技术。

及时组织分析本单位发现的规模化、新型窃电等典型案例，研究提炼源头预防窃电的技术和管理措施，并组织试点、推广。

在业扩新装环节积极推广回路状态巡检仪、RFID 电子封印，研发应用具有防窃电功能的新型表箱（计量柜）和智能锁具等，加强对重点嫌疑窃电区域或客户的换装力度。

建立电力小区常态监督检查机制，明确电力小区用电检查责任到人，加大日常巡视检查力度。

（五）保障措施

按照网格化管理要求，建立健全客户经理、台区经理反窃电责任制，结合台区线损治理等工作，开展日常反窃电现场检查与取证。同时，为反窃电检查人员配齐查处窃电和记录取证的现场反窃电装备，针对窃电手段变化推广应用新型技术装备。

建立反窃电专家团队，通过课题研究、任务攻关、现场诊断等形式，形成优秀成果，带动反窃电。每年组织反窃电技能培训，定期开展技能竞赛、专题经验交流、现场会等，持续提升反窃电人员业务水平。常态化开展反窃电工作督导，组织对涉及供电公司员工的窃电举报开展交叉检查或上级督办，对窃电举报初查不属实客户开展现场复核，留存现场相关证据资料。对检举、协助查获窃电的外部人员给予一定的奖励。

坚持综合治理，不断深化政企、警企合作，建立多种形式的联合反窃电工作机制，借助行政、司法力量强化窃电打击力度。利用各类媒体开展反窃电宣传，公开窃电举报电话，宣传反窃电法律法规、反窃电专项行动、窃电典型案例等，营造依法用电的社会氛围。

项目12 供 电 服 务

➢ 了解供电服务。

➢ 熟悉营业厅服务、95598 客户服务、现场服务、电子渠道服务。

➢ 掌握电力营销的通用服务规范。

➢ 能够对客户提供优质的供电服务。

模块一 供电服务的基本概念

【模块描述】 本模块介绍供电服务的基本概念、供电产品质量标准、服务渠道质量标准、服务项目质量标准，通过学习，可以熟悉供电服务。

一、供电服务的基本概念

供电服务，是指遵循行业标准或按照合同约定，提供合格的电能产品和规范的服务，实现客户用电需求的过程。供电服务包括供电产品提供和供电客户服务。

供电客户服务是指电力供应过程中，企业为满足客户获得和使用电力产品的各种相关需求的一系列活动的总称，简称"客户服务"。供电客户服务工作要坚持以客户为中心，以需求为导向，充分满足客户现实和潜在的用电需求。

供电客户服务工作需要借助服务渠道提供特定的客户服务项目来满足客户需求。

供电客户服务渠道是指供电企业与客户进行交互、提供服务的具体途径，简称"服务渠道"。

供电客户服务项目是指供电企业针对明确的服务对象，由服务提供者通过具体的服务渠道，在一定周期内按照规范的服务流程和内容提供的一系列服务活动，简称"服务项目"。

二、供电产品质量标准

供电产品质量标准主要包括以下几方面的内容：

(1)《供电营业规则》（电力工业部令第 8 号）第五十三条规定，在电力系统正常状况下，供电频率的允许偏差为：电网装机容量在 300 万 kW 及以上的，为±0.2Hz；电网装机容量在 300 万 kW 以下的，为±0.5Hz。在电力系统非正常状况下，供电频率允许偏差不应超过±1.0Hz。

(2)《供电营业规则》（电力工业部令第 8 号）第五十四条规定，在电力系统正常状况下，供电企业供到用户受电端的供电电压允许偏差为：35kV 及以上电压供电的，电压正、负偏差的绝对值之和不超过额定值的 10%；10kV 及以下三相供电的，为额定值的±7%、220V 单相供电的，为额定值的+7%、−10%。在电力系统非正常状况下，用户受电端的电压最大允许偏差不应超过额定值的±10%。

（3）电网正常运行时，电力系统公共连接点负序电压不平衡度允许值为 2%，短时不得超过 4%。

（4）0.4～220kV 各级公用电网电压（相电压）总谐波畸变率是：0.4kV 为 5.0%，6～10kV 为 4.0%，35～66kV 为 3.0%，110～220kV 为 2.0%。

（5）城市客户年平均停电时间不超过 37.5h（对应供电可靠率不低于 99.6%）。供电设备计划检修时，对 35kV 及以上电压供电的用户，每年停电不应超过一次；对 10kV 供电的用户，每年停电不应超过三次。

三、服务渠道质量标准

依据《国家电网公司供电客户服务提供标准》，服务渠道质量标准主要包括以下几方面的内容：

（1）供电营业厅应准确公示服务承诺、服务项目、业务办理流程、投诉监督电话、电价和收费标准。

（2）居民客户收费办理时间一般每件不超过 5min，用电业务办理时间一般每件不超过 20min。

（3）95598 服务热线应 24h 保持畅通。

（4）95598 客服代表应在振铃 3 声（12s）内接听，使用标准欢迎语。外呼时应首先问候，自我介绍，确认客户身份；一般情况下不得先于客户挂断电话，结束通话应使用标准结束语。

（5）电子渠道是指供电企业通过网络与客户进行交互、提供服务的途径，包括 95598 智能互动网站、APP（移动客户端）、供电服务微信公众号、数字电视媒体等。电子渠道应 24h 受理客户需求，如需人工确认的，电子客服代表在 1 个工作日内与客户确认。

（6）进入客户现场时，服务人员应统一着装、佩戴工号牌（工作牌），并主动表明身份、出示证件。协作人员应统一着装。

（7）现场工作结束后应立即清理，不能遗留废弃物，做到设备、场地整洁。

（8）受供电企业委托的银行及其他代办机构营业窗口应悬挂委托代收电费标识，并明确告知客户其收费方式和时间。

四、服务项目质量标准

依据《国家电网公司供电客户服务提供标准》，服务项目质量标准主要包括以下方面的内容：

（1）《国家电网有限公司业扩报装管理规则》（2017 年）规定，供电方案答复期限：在受理申请后，低压客户在次工作日完成现场勘查并答复供电方案；10kV 单电源客户不超过 14 个工作日；10kV 双电源客户不超过 29 个工作日；35kV 及以上单电源客户不超过 15 个工作日；35kV 及以上双电源客户不超过 30 个工作日。

（2）《国家电网有限公司业扩报装管理规则》（2017 年）中明确规定，设计图纸审查期限：自受理之日起，高压客户不超过 5 个工作日。

（3）《国家电网有限公司业扩报装管理规则》（2017 年）中明确规定，中间检查的期限，自接到客户申请之日起，高压供电客户不超过 3 个工作日。

（4）《国家电网有限公司业扩报装管理规则》（2017 年）规定，竣工检验的期限，自受理之日起，高压客户不超过 5 个工作日。

（5）国家电网有限公司供电服务"十项承诺"规定，高压客户装表接电期限：受电工程检验合格并办结相关手续后 5 个工作日。

（6）对高压业扩工程，送电后应由 95598 客服代表 100％回访客户。

（7）严禁为客户指定设计、施工、供货单位。

（8）对客户用电申请资料的缺件情况、受电工程设计文件的审核意见、中间检查和竣工检验的整改意见，均应以书面形式一次性完整告知，由双方签字确认并存档。

（9）国家电网有限公司供电服务"十项承诺"规定，提供 24h 电力故障报修服务。供电抢修人员到达现场时间一般为：城区范围 45min；农村地区 90min；特殊边远地区 2h。到达现场后恢复供电平均时间一般为：城区范围 3h，农村地区 4h。

（10）客户查询故障抢修情况时，应告知客户当前抢修进度或抢修结果。

（11）供电企业为客户提供电价电费、停送电信息、供电服务信息、用电业务、业务收费、客户资料、计量装置、法律法规、服务规范、电动汽车、能效服务、用电技术及常识等内容的咨询服务。受理客户咨询时，对不能当即答复的，应说明原因，并在 5 个工作日内答复客户。

（12）受理客户投诉后，1 个工作日内联系客户，6 个工作日内答复客户。

（13）受理客户举报、建议、意见业务后，应在 9 个工作日内答复客户。

（14）受理客户服务申请后：

1）电器损坏核损业务 24h 内到达现场。

2）电能表异常业务 5 个工作日内处理。

3）抄表数据异常业务 7 个工作日内核实。

4）其他服务申请类业务 6 个工作日内处理完毕。

（15）客户欠电费需依法采取停电措施的，提前 7 天送达停电通知，费用结清后 24h 内恢复供电。

（16）受理客户计费电能表校验申请后，应在 5 个工作日内提供检测结果。

（17）居民用户更名、过户业务在正式受理且费用结清后，5 个工作日内办理完毕。暂停、临时性减容（无工程的）业务在正式受理后，5 个工作日内办理完毕。

（18）分布式电源是指接入 35kV 及以下电压等级的小型电源，包括同步电机、感应电机、变流器、光伏发电设备、地热发电设备、小型风力发电设备等类型。

分布式电源项目接入系统方案时限：

1）受理接入申请后，10kV 及以下电压等级接入且单个并网点总装机容量不超过 6MW 的分布式电源项目不超过 40 个工作日。

2）受理接入申请后，10kV 电压等级接入且单个并网点总装机容量超过 6MW、年自发自用电量大于 50％的分布式电源项目不超过 60 个工作日。

3）受理接入申请后，35kV 电压等级接入、年自发自用电量大于 50％的分布式电源项目不超过 60 个工作日。

（19）分布式电源项目受理并网验收及并网调试申请后，10 个工作日内完成关口计量和发电量计量装置安装服务。

（20）分布式电源项目在电能计量装置安装、合同和协议签署完毕后，10 个工作日内组织并网验收及并网调试。

（21）供电企业向客户提供用电政策法规、供电服务承诺、电价、收费标准、用电业务流程、计划停电、新服务项目介绍等信息的服务。因供电设施计划检修需要停电的，提前 7 天公告停电区域、停电线路、停电时间。

（22）客户交费日期、地点、银行账号等信息发生变更时，应至少在变更前 3 个工作日告知客户。

（23）供电设施计划检修停电时，应提前 7 天通知用户或进行公告；临时检修需要停电时，应提前 24h 通知重要客户。供电企业向重要客户提供计划、临时、事故停限电信息，以及供电可靠性预警的服务。

（24）当电力供应不足或因电网原因不能保证连续供电的，应执行政府批准的有序用电方案。

（25）高压客户计量装置换装应提前预约，并在约定时间内到达现场。换装后，应请客户核对表计底数并签字确认。

（26）低压客户电能表换装前，应在小区和单元张贴告知书，或在物业公司（村委会）备案；换装电能表前应对装在现场的原电能表进行底度拍照，拆回的电能表应在表库至少存放 1 个抄表或电费结算周期。

（27）对专线进行计划停电，应与客户进行协商，并按协商结果执行。

（28）客户要求订阅电费信息的，应至少在交费截止日前 5 天提供。

（29）接到客户反映电费差错，经核实确实由供电企业引起的，应于 7 个工作日内将差错电量电费退还给客户，涉及现金款项退费的应于 10 个工作日内完成。

模块二 营 业 厅 服 务

【模块描述】 本模块介绍供电营业厅的服务网络布设、服务功能、服务方式、服务人员、服务环境、服务设施及用品，通过学习，可以熟悉供电营业厅服务。

供电营业厅是供电企业为客户办理用电业务需要而设置的固定或流动的服务场所。

为适应"互联网＋"时代营销服务新模式，构建新型智能互动营销服务体系，全面改善客户体验，建设"三型一化"供电营业厅，"三型一化"是指智能型、市场型、体验型、线上线下一体化，该营业厅主要包括引导区、线上体验区、自助服务区、业务受理区、业务待办区、大客户服务区、展示区、多功能区、客户体验等候区等九大服务区块。"三型一化"供电营业厅将原来的传统服务模式转变为智能化服务模式，优化了服务流程、资源配置和人员效率。

一、供电营业厅的服务网络布设

供电营业厅的服务网络应覆盖公司的供电区域，其布设应综合考虑所服务的客户类型、客户数量、服务半径，以及当地客户的消费习惯，合理设置。

供电营业厅应设置在交通方便、容易辨识的地方。

供电营业厅按 A、B、C、D 四级设置，其要求如下：

（1）A 级厅为地区中心营业厅，兼本地区供电营业厅服务人员的实训基地，设置于地级及以上城市，每个地区范围内最多只能设置 1 个。

（2）B级厅为区县中心营业厅，设置于县级及以上城市，每个区县范围内最多只能设置1个。

（3）C级厅为区县的非中心营业厅，可视当地服务需求，设置于城市区域、郊区、乡镇。

（4）D级厅为单一功能收费厅或者自助营业厅，可视当地服务需求，设置于城市区域、郊区、乡镇。

二、供电营业厅的服务功能

（一）服务功能的内容

供电营业厅的服务功能包括：业务办理、收费、告示、引导、洽谈等。

（1）业务办理是指受理各类用电业务，包括客户新装、增容及变更用电申请，故障报修、校表、信息订阅、咨询、投诉、举报和建议、客户信息更新等。

（2）收费是指提供电费及各类营业费用的收取和账单服务，以及充值卡销售、表卡售换等。

（3）告示是指提供电价标准及依据、收费标准及依据、用电业务流程、服务项目、95598供电服务热线等各种服务信息公示，计划停电信息及重大服务事项公告，功能展示，以及公布岗位纪律、服务承诺、电力监管投诉举报电话等。

（4）引导是指根据客户的用电业务需要，将其引导至营业厅内相应的功能区。

（5）洽谈是指根据客户的用电需要，提供专业接洽服务。

（二）服务功能的设置标准

1. 各级供电营业厅应具备的服务功能

（1）A、B、C级营业厅应具备第（1）～（5）项服务功能。

（2）D级营业厅应具备电费收取、发票打印，以及服务信息公示等服务功能。

2. 各级供电营业厅要求的营业时间

（1）A、B级营业厅实行无周休、无午休。

（2）C级营业厅、D级营业厅（单一功能收费厅）可结合服务半径、营业户数、日均业务量等实际情况实行无周休制，如果周末遇当地赶集日、缴费高峰期应安排营业。

（3）除自助营业厅外，其他各等级营业厅实行法定节假日不营业，但应至少提前5个工作日在营业厅公示法定节假日休息信息，并做好缴费提示，同步向95598报备。

三、供电营业厅的服务方式

供电营业厅的服务方式包括面对面、电话、书面留言、传真、客户自助。

服务方式的设置标准有：

（1）供电营业厅的服务方式应多样化。

（2）各级供电营业厅应具备的服务方式如下：

1）A、B、C级营业厅，具有面对面、电话、书面留言、传真、客户自助服务方式。

2）D级营业厅（单一功能收费厅），具有面对面、书面留言、客户自助服务方式。

3）D级营业厅具备"客户自助"服务方式时，可视当地条件和客户需求，提供24h服务。

四、供电营业厅的服务人员

供电营业厅的服务人员包括营业厅主管、业务受理员、收费员、引导员、保安员、保洁员。

服务人员的设置标准有：

（1）供电营业厅的服务人员应经岗前培训合格，方能上岗工作。要求 A 级营业厅的营业厅主管、业务受理员、收费员、引导员，B 级营业厅的营业厅主管具备大专及以上学历，达到普通话水平测试三级及以上水平。

（2）各级供电营业厅应配备的服务人员如下：

1）A 级营业厅，应配有营业厅主管、业务受理员、收费员、引导员、保安员、保洁员。

2）B 级营业厅，应配有营业厅主管、业务受理员、收费员、引导员、保安员、保洁员。

3）C 级营业厅，应配有营业厅主管、业务受理员、收费员、保安员。

4）D 级营业厅（单一功能收费厅），应配有收费员、保安员。

五、供电营业厅的服务环境

供电营业厅的功能分区包括：业务办理区、收费区、业务待办区、展示区、洽谈区、引导区、客户自助区。

供电营业厅服务环境的设置标准有：

（1）供电营业厅的服务环境应具备统一的公司标识，符合相关要求，整体风格应力求鲜明、统一、醒目。

（2）各级供电营业厅应具备的功能分区如下：

1）A、B 级营业厅，具备业务办理区、收费区、业务待办区、展示区、洽谈区、引导区、客户自助区。

2）C 级营业厅，具备业务办理区、收费区、业务待办区、展示区。

3）D 级营业厅，具备收费区、业务待办区、展示区。

（3）供电营业厅各功能分区的设置标准：

1）业务办理区：一般设置在面向大厅主要入口的位置，其受理台应为半开放式。

2）收费区：一般与业务办理区相邻，应采取相应的保安措施。收费区地面应有一米线，遇客流量大时应设置引导护栏，合理疏导人流。

3）业务待办区：应配设与营业厅整体环境相协调且使用舒适的桌椅，配备客户书写台、宣传资料架、报刊架、饮水机、意见箱（簿）等。客户书写台上应有书写工具、登记表书写示范样本等；放置免费赠送的宣传资料。

4）展示区：通过宣传手册、广告展板、电子多媒体、实物展示等多种形式，向客户宣传科学用电知识，介绍服务功能和方式，公布岗位纪律、服务承诺、服务及投诉电话，公示、公告各类服务信息，展示节能设备、用电设施等。

5）洽谈区：一般为半封闭或全封闭的空间，应配设与营业厅整体环境相协调且使用舒适的桌椅，以及饮水机、宣传资料架等。

6）引导区：应设置在大厅入口旁，并配设排队机。

7）客户自助区：应配设相应的自助终端设施，包括触摸屏、多媒体查询设备、自助缴费终端等。

（4）供电营业厅应整洁明亮、布局合理、舒适安全，做到"四净四无"，即"地面净、桌面净、墙面净、门面净；无灰尘、无纸屑、无杂物、无异味"。营业厅门前无垃圾、杂物，不随意张贴印刷品。

六、供电营业厅的服务设施及用品

（一）服务设施及用品

供电营业厅的服务设施及用品包括：（1）营业厅门楣；（2）营业厅铭牌；（3）营业厅时间牌；（4）营业厅背景板；（5）防撞条；（6）时钟日历牌；（7）"营业中""休息中"标志牌；（8）95598双面小型灯箱；（9）功能区指示牌；（10）禁烟标志；（11）营业人员岗位牌；（12）"暂停服务"标志牌；（13）员工介绍栏；（14）展示牌；（15）意见箱（簿）；（16）服务台（填单台）及书写工具；（17）登记表示范样本；（18）客户座椅；（19）宣传资料及宣传资料架；（20）饮水机；（21）报刊及报刊架；（22）垃圾桶（可回收、不可回收）；（23）"小心地滑"标志牌；（24）便民伞；（25）移动护栏；（26）多媒体查询设备；（27）显示屏；（28）自助缴费终端；（29）排队机；（30）平板电视；（31）无障碍设施；（32）电子付款机（POS）；（33）保险柜；（34）复印机；（35）传真机；（36）录音电话；（37）视频监控系统；（38）验钞机；（39）"设备维修中"标志牌；（40）评价器；（41）24h自助服务双面小型灯箱。

（二）服务设施及用品的设置标准

（1）各级供电营业厅应具备的服务设施及用品如下：

1）A级营业厅，应具备第（1）～（41）项服务设施及用品。

2）B级营业厅，应具备第（1）～（39）项服务设施及用品。

3）C级营业厅，应具备第（1）～（27）、（32）～（39）项服务设施及用品。

4）D级（单一功能收费厅），应具备第（1）～（26）、（32）、（33）、（36）～（39）项服务设施及用品。

5）D级（自助营业厅），应具备第（1）、（5）、（10）、（23）、（28）、（37）、（39）、（41）项服务设施及用品。

（2）所有服务设施及物品均应符合企业标识等相关的要求。

（3）各项设施及用品摆放整齐、清洁完好、适时消毒。

（4）夜间应保证企业徽标及双面小型灯箱明亮易辨。

（5）供电营业厅入口处应配有"营业中"或"休息中"标志牌，营业柜台应配有"暂停服务"标志牌。

（6）功能区指示牌应醒目，必要时可设有中英文对照标识，少数民族地区应设有汉文和民族文字对应标识。

（7）供客户操作使用的服务设施，如发生故障不能使用，应摆设"设备维修中"标志牌，并在30天内修复。

（8）各营业厅应按照实际业务量设置相应的服务设施数量。

（9）POS应设立专用通信线。

（10）服务专用录音电话录音至少保留三个月，并粘贴"服务专用"标签加以区别。

模块三　95598客户服务

【模块描述】　本模块介绍95598客户服务的主要内容、工单管理，通过学习，可以熟悉95598客户服务的主要业务内容。

95598 客户服务通过电话、智能互动网站、微信等方式为各类客户提供 24h 全天候服务，最终实现"只要您一个电话、一次上网，其他事情由我来做"的服务目标。

一、95598 客户服务的主要内容

95598 客户服务主要包括信息查询、业务咨询、故障报修、投诉、举报、建议、意见、表扬、服务申请等，除表扬业务外，各项业务流程实行闭环管理。

95598 客户服务业务分为 95598 客户诉求业务和 95598 服务支持业务。

95598 客户诉求业务是指通过 95598 电话、95598 网站、在线服务、微信公众号、短信等内部渠道，以及 12398 能源监管热线、营销服务舆情等外部渠道受理的各类客户诉求业务。95598 客户诉求业务主要包括投诉、举报（行风问题线索移交）、意见（建议）、故障报修、业务申请、查询咨询等。

95598 服务支持业务是指通过流程管控、知识管理、技术手段等方式，支撑 95598 客户诉求业务高效规范实施的业务。

二、95598 客户诉求业务管理

客服中心为客户提供 7×24h 服务，受理客户诉求时，应落实"首问负责制"，可立即办结的业务直接答复并办结工单；不能立即办结的业务，派发工单至责任单位处理，各单位处理完毕后将工单反馈至客服中心，由客服中心回复（回访）客户。

95598 客户诉求业务包括投诉、举报（行风问题线索移交）、意见（建议）、故障报修、业务申请、查询咨询。

（一）投诉

客服中心受理客户投诉后，20min 内派发工单。各级单位应在 24h 内联系客户，4 个工作日内调查、处理，答复客户并审核、反馈处理意见，客服中心应在接到回复工单后 1 个工作日内回复（回访）客户。

（二）举报（行风问题线索移交）、意见（建议）

客服中心受理客户举报（行风问题线索移交）、意见（建议）后，20min 内派发工单。各级单位应在 9 个工作日内调查、处理，答复客户并审核、反馈处理意见，客服中心应在接到回复工单后 1 个工作日内回复（回访）客户。

（三）故障报修

客服中心受理客户故障报修后，根据报修客户重要程度、停电影响范围等，按照紧急、一般确定故障报修等级，2min 内派发工单。各级单位提供 24h 电力故障、充电设施故障抢修服务，抢修到达现场时间、恢复供电时间应满足公司对外承诺要求。客服中心应在接到回复工单后 24h 内回复（回访）客户。

（四）业务申请

客服中心受理客户业务申请后，20min 内派发工单。各级单位应在规定时限内调查、处理，答复客户并审核、反馈处理意见，客服中心应在接到回复工单后 1 个工作日内回复（回访）客户。

（五）查询咨询

客服中心受理客户查询咨询（包括信息查询、客户咨询、表扬及线上办电审核）后，不能立即办结的 20min 内派发工单（线上办电 5min 内完成资料审核）。各级单位应在规定的时限内调查、处理，答复客户并审核、反馈处理意见，客服中心应在接到回复工单后 1 个工作日内回复（回访）客户。

三、95598 服务支持管理

95598 服务支持包括停送电信息报送管理、供电服务知识管理、重要服务事项报备、特殊客户管理、申诉、抽检修正、信息支持管理等。

（一）停送电信息报送管理

停送电信息分为生产类停送电信息和营销类停送电信息。生产类停送电信息包括计划停电、临时停电、故障停电、超电网供电能力停电、其他停电等；营销类停送电信息包括违约停电、窃电停电、欠费停电、有序用电（需求侧响应）、表箱（计）作业停电等。

停送电信息报送管理应遵循"全面完整、真实准确、规范及时、分级负责"的原则。

（二）供电服务知识管理

供电服务知识是为支撑供电服务、充电服务及电 e 宝服务，规范、高效解决客户诉求，从有关法律法规、政策文件、业务标准、技术规范中归纳、提炼形成的服务信息集成，以及为提升 95598 供电服务人员的业务和技能水平所需的支撑材料。

供电服务知识管理应遵循"统一管理、分级负责、及时更新、持续改善"的原则，主要内容包括：知识采集发布、知识下线、分析与完善。

（三）重要服务事项报备

在供用电过程中，因不可抗力、配合政府工作、系统改造升级、新业务或重点业务推广等原因，给客户用电带来影响的事项，或因客户不合理诉求可能给供电服务工作造成影响的事项，可发起重要服务事项报备。

省、市、县公司按职责范围发起重要服务事项报备申请，根据业务分类，由省公司专业部门或电动汽车公司审核发布。其中，自然灾害类报备由市（县）公司直接发布应用。符合报备范围的，客服中心做好客户解释，原则上以咨询办结，不再派发投诉工单。

（四）特殊客户管理

存在骚扰来电、疑似套取信息、恶意诉求、不合理诉求、窃电或违约用电、拖欠电费等行为记录的客户，可列入特殊客户范畴，客服中心对特殊客户应开展差异服务。

（五）申诉

对于客户反映问题无政策依据、线索不全导致无法调查核实、反映情况与事实不符等投诉不属实的，以及因客服专员责任、系统原因、不可抗力等原因造成基层单位业务处理不及时或差错的，基层单位可提出申诉，省公司应对审核通过的申诉工单进行标记。

（六）信息支持管理

充分利用智能化手段和营配调贯通成果，实现多渠道数据全面融合、现场服务信息实时共享，为客户服务信息精准研判、诉求精准定位派发、服务闭环管理提供有力支撑。

四、95598 客户服务工单管理

95598 客户服务流程各环节工作人员应按照规定的流程和有关规章制度处理工单。

（一）工单受理及填写要求

（1）客服中心受理客户诉求时，应了解客户拨打 95598 电话的原因，当遇到情绪比较激动的客户时，应尽量缓和、疏导、安抚客户情绪，做好相关解释工作。

（2）客服中心受理客户诉求时，应引导客户提供用户编号，准确记录客户的姓名、地址、联系方式、回访要求、业务描述等信息，详细记录客户诉求，做到语句通顺、表述清

晰、内容准确、完整。

（3）95598 客户服务流程各环节工作人员应准确选择业务分类和派发单位。

（4）处理部门回复工单时，应做到规范、全面、真实。

（5）客服中心应准确、完整地填写客户回复（回访）。

（二）工单传递要求

（1）客服中心应按照规定的流程及时限要求派发工单，对于重大服务事件、重大及以上投诉事件即时报告营销部并通知责任单位。对于重大服务事件、重大及以上投诉事件以外的紧急服务事件需即时处理。

（2）按照规定的流程和要求传递、处理工单，跟踪处理进度并将督办、审核确认后的处理意见反馈客服中心。对于重大服务事件、重大投诉事件，各单位可通过电话、短信方式传递信息，及时处置，最大限度降低服务风险，事后应按照要求完善相关流程。

（三）工单合并

（1）除故障报修工单外其他工单不允许合并。

（2）工单流转各环节均可以对工单进行合并，在对工单进行合并操作时，要经过核实，不得随意合并。

（3）合并后的工单处理完毕后，仅需回复（回访）主工单，客户提出回复（回访）诉求的工单除外。

（四）工单回退

各级单位对派发区域、客户联系方式等信息错误、缺失、业务分类错误的工单，填写退单原因及依据后，将工单退回客服中心。为保证客户诉求及时传递，客服中心应进行业务类型变更、派发区域修改等工单处理操作。

客服中心在回复（回访）过程中，对工单填写不规范、回复结果违反政策法规、工单填写内容与回复（回访）结果不一致等，且基层单位未提供有效证明材料或客户对证明材料有异议的，客户要求合理的，填写退单原因及依据后将工单回退至工单提交部门。

（五）工单回复（回访）

客户回复（回访）本着"谁受理，谁回复（回访）"的原则，各单位不得层层回复（回访）客户。除表扬工单外，其他派发的工单应实现百分百回复（回访），如实记录客户意见和满意度评价；表扬、匿名、客户明确要求不需回复（回访）的及外部渠道转办诉求中无联系方式的工单不进行回复（回访）。

每日 12:00 至 14:00 及 21:00 至次日 8:00 期间不得开展客户回复（回访），客服专员在回复（回访）客户前应熟悉工单回复内容，不得通过阅读工单"回复内容"的方式回访客户。遇客户不方便时，应按与客户约定时间完成回复（回访）。

由于客户原因导致回复（回访）不成功的，客服中心回复（回访）应安排不少于 3 次，每次间隔不小于 2h。3 次回访失败应写明原因，并办结工单。

客服中心根据省公司推送的客户办电信息开展业扩回访等工作，高压新装、增容业务在业务受理环节和办理环节归档后 7 个工作日内分别开展回访，减容、暂停、分布式电源项目新装、低压业扩报装业务，在业务办理环节归档后 7 个工作日内开展一次回访。

（六）工单催办

客服中心受理客户催办诉求后，10min 内派发催办工单，催办工单流程与被催办工单一致。客户再次来电补充相关资料，需详细记录并派发催办工单。除故障报修外，其他业务催办次数原则上不超过 2 次，对于存在服务风险的，按照客户诉求派发催办工单。

客户通过 95598 网站、在线服务等渠道提交的线上办电申请，国网客服中心在该项业务处理时限到期前 2 个工作日内，自动生成催办工单，直接派发至供电所或营业厅。

模块四　现　场　服　务

【模块描述】　本模块介绍现场服务功能、现场服务方式、现场服务人员、现场服务设施及用品，通过学习，可以熟悉现场服务的主要内容。

现场服务渠道是指供电企业服务人员到客户需求所在地进行服务的一种途径。

一、现场服务功能

现场服务包括处理新装、增容及变更用电，故障抢修，收缴电费，电能表检验，电能表换装，保供电，服务信息告知，专线客户停电协商，提供电费表单，以及受理投诉、举报和建议等。

故障抢修服务是指供电企业受理客户对供电企业产权范围内的供电设施故障报修后，到达现场进行故障处理、恢复供电的服务。故障抢修应提供 $7 \times 24h$ 不间断服务。其他服务功能一般在工作时间为客户提供。

保供电服务是指供电企业针对客户需求，对涉及政治、经济、文化等有重大影响的活动提供保电的服务。

二、现场服务方式

现场服务的方式包括面对面、电话、短信。

三、现场服务人员

客户现场的服务人员包括客户经理、现场勘查人员、中间检查及竣工验收人员、装表接电人员、检验检测人员、故障抢修人员、保供电人员、用电指导人员及催收人员等。

客户现场服务人员应经相应的岗前培训合格，方可上岗工作。

四、现场服务设施及用品

现场服务的设施及用品包括：（1）警示牌；（2）安全围栏等标志；（3）移动 POS 机；（4）移动作业终端；（5）电能表现场检验设备；（6）多媒体记录设备（包含摄像机、照相机、录音设备等）。

现场服务设施及用品应符合企业标识等相关要求；在公共场所工作时，应有安全措施，悬挂施工单位标志、安全标志，并配有礼貌用语；在道路两旁工作时，应在恰当位置摆放醒目的警示牌。

模块五　电子渠道服务

【模块描述】　本模块介绍电子渠道服务网络布设、服务功能、服务方式、服务人员、服务环境，通过学习，可以熟悉电子渠道服务。

电子渠道是为了满足客户实时服务的需求，降低营业前台服务压力和服务成本，而迅速发展起来的自助式新型营销服务渠道，它以互联网技术和通信技术为基础，将产品的销售与服务数字化，让客户借助终端设备，可自助订购产品、获取服务。

一、电子渠道服务网络布设

95598 智能互动网站由总公司统一布设，APP（移动客户端）由总公司统一规划设计，各省（自治区、直辖市）公司独立布设，供电服务微信公众号等渠道总公司客户服务中心和各省（自治区、直辖市）公司独立布设。

"网上国网"手机 APP 是国家电网有限公司官方统一的线上服务入口和泛在电力物联网的主入口，集"住宅、电动车、店铺、企事业、新能源"五大服务场景于一体，为客户提供办电交费、报修投诉、电动汽车找桩充电、光伏一站式服务、能源金融等多元化的电力综合服务，满足客户全方位、个性化的电力需求。

电子渠道应为客户提供 $7\times24h$ 不间断自助服务。

二、电子渠道服务功能

（一）电子渠道服务功能的内容

（1）会员注册或服务开通功能，主要包括用户登录、注册、用户编号绑定、留言、问卷调查、账户信息修改、信息推送。

（2）宣传展现功能，主要包括业务介绍、服务支持和体验专区。

（3）信息公告功能，主要包括停电信息查询、站内公告和营业网点查询。

（4）信息查询功能，主要包括电费余额查询、业务办理进度、电量电费、费控余额、付款记录、购电记录、缴费记录、用户基本档案、实时电量查询。

（5）充值交费和账单服务功能，主要包括电费缴纳、网上购电和电费充值。

（6）业务受理功能，主要包括业务咨询、故障报修、新装增容及变更、信息订阅退阅。

（7）新型业务功能，主要包括在线客服、电动汽车服务、增值服务、用能服务和智能用电服务。

（8）服务监督功能，主要包括投诉、建议、表扬、意见和举报。

（二）电子渠道服务功能的设置标准

（1）各类电子渠道应具备的服务功能如下：

1）95598 智能互动网站，应具备（1）～（8）项服务功能。

2）APP，应具备（1）～（8）项服务功能。

3）供电服务微信公众号，应具备（1）～（5）项服务功能。

（2）除宣传展现和信息公告外，其他功能只对注册或开通服务用户开放。

（3）电子渠道应提供办理各项业务的说明资料，95598 智能互动网站应提供相关表格以便于客户填写或下载。

（4）电子渠道应提供导航服务，以方便客户使用。

三、电子渠道服务方式

电子渠道的服务方式包括客户自助、留言、在线人工。

电子渠道服务方式的设置标准包括：

（1）客户自助：应对客户进行身份验证，确保客户信息不外泄；自助缴费服务应确保客户资金安全。

（2）留言：应对客户留言及回复进行归档，并使客户能查询到 6 个月内的信息。

（3）在线人工：在需要排队的情况下，应告知客户排队情况，在进入人工服务后，电子客服代表平均响应时间应小于 5s。客户无诉求达 30s 以上，方可退出人工服务。

四、电子渠道服务人员

电子渠道应设电子客服代表受理相关业务。

电子客服代表应具备大专及以上学历，并经岗前培训合格。

五、电子渠道服务环境

95598 智能互动网站、APP 的界面应符合企业标识等相关要求。

95598 智能互动网站服务功能区域划分应科学合理、简洁明了、富人性化。页面制作要求直观，色彩明快，各服务功能分区要有明显色系区分。

"网上国网"手机 APP 主要包括以下服务场景：

（1）住宅场景：主要服务低压居民客户，聚集交费、办电等基础性功能，辅助用能分析、积分、商城等特色化服务。

（2）电动车场景：主要服务电动汽车用户，注重充值、找桩充电、一网通办等专业化服务。

（3）店铺场景：主要服务低压非居民客户，除提供交费、办电等基础性服务外，侧重电费账单、用能分析、电费金融等专属化服务。

（4）企事业场景：主要服务于高压客户，强化用电负荷、电子发票、能效诊断等专业化服务。

（5）新能源场景：主要服务于光伏客户，提供建站咨询、光伏报装、上网电费及补贴结算等特色服务。

模块六　电力营销通用服务规范

【模块描述】　根据《国家电网公司供电服务规范》，本模块主要介绍电力营销的基本道德和技能规范、诚信服务规范、行为举止规范、仪容仪表、会话沟通规范、一般礼仪规范、现场服务规范、服务规范用语等，通过学习，熟悉电力营销的通用服务规范。

一、基本道德和技能规范

严格遵守国家法律、法规，诚实守信、恪守承诺。爱岗敬业，乐于奉献，廉洁自律，秉公办事。

真心实意为客户着想，尽量满足客户的合理要求。对客户的咨询、投诉等不推诿，不拒绝，不搪塞，及时、耐心、准确地给予解答。

遵守国家的保密原则，尊重客户的保密要求，不对外泄露客户的保密资料。

工作期间精神饱满，注意力集中。使用规范化文明用语，提倡使用普通话。

熟知岗位的业务知识和相关技能，岗位操作规范、熟练，具有合格的专业技术水平。

二、诚信服务规范

公布服务承诺、服务项目、服务范围、服务程序、收费标准和收费依据，接受社会与客户的监督。

从方便客户出发，合理设置供电服务营业网点或满足基本业务需要的代办点，并保证服务质量。

根据国家有关法律法规，本着平等、自愿、诚实信用的原则，以合同形式明确供电企业与客户双方的权利和义务，明确产权责任分界点，维护双方的合法权益。

严格执行国家规定的电费电价政策及业务收费标准，严禁利用各种方式和手段变相扩大收费范围或提高收费标准。

聘请供电服务质量监督员，定期召开客户座谈会并走访客户，听取客户意见，改进供电服务工作。

经常开展安全供用电宣传。

以实现全社会电力资源优化配置为目标，开展电力需求侧管理和服务活动，减少客户用电成本，提高用电负荷率。

三、行为举止规范

行为举止应做到自然、文雅、端庄、大方。站立时，抬头、挺胸、收腹，双手下垂置于身体两侧或双手交叠自然下垂，双脚并拢，脚跟相靠，脚尖微开，不得双手抱胸、叉腰。坐下时，上身自然挺直，两肩平衡放松，后背与椅背保持一定间隙，不用手托腮或趴在工作台上，不抖动腿和跷二郎腿。走路时，步幅适当，节奏适宜，不奔跑追逐，不边走边大声谈笑喧哗。尽量避免在客户面前打哈欠、打喷嚏，难以控制时，应侧面回避，并向对方致歉。

精神饱满，注意力集中，无疲劳状、忧郁状和不满状。

保持微笑，目光平视客户，不左顾右盼、心不在焉。

为客户提供服务时，应礼貌、谦和、热情。接待客户时，应面带微笑，目光专注，做到来有迎声、去有送声。与客户会话时，应亲切、诚恳、有问必答。工作发生差错时，应及时更正并向客户道歉。

当客户的要求与政策、法律、法规及本企业制度相悖时，应向客户耐心解释，争取客户理解，做到有理有节。遇有客户提出不合理要求时，应向客户委婉说明。严禁与客户发生争吵。

为行动不便的客户提供服务时，应主动给予特别照顾和帮助。对听力不好的客户，应适当提高语音，放慢语速。

与客户交接钱物时，应唱收唱付，轻拿轻放，不抛不丢。

四、仪容仪表

供电服务人员上岗必须统一着装，并佩戴工号牌。

保持仪容仪表美观大方，不得浓妆艳抹，不得敞怀、将长裤卷起，不得戴墨镜。

五、会话沟通规范

语言清晰，语气诚恳，语速适中，语调平和，语意明确言简，说话时应保持微笑。

与客户交流时应使用普通话。当客户听不懂普通话或客户主动要求不使用普通话时，可使用方言。

坚持使用问候语、结束语、感谢语和致歉语，随口不离文明用语，严禁说脏话、忌语。

与客户交谈时，要专心致志，面带微笑，对客户的谈话内容要有所反应，重要内容要注意重复、确认。

尽量少用生僻的电力专业术语，以免影响与客户的交流效果。

认真倾听，注意谈话艺术，善用引导、提示和鼓励的语言，不随意打断客户的话语。需请客户重复谈话内容时，应礼貌谦和。

六、一般礼仪规范

1. 称呼礼仪

用尊称向客户问候，如贵公司、贵方等，根据客户的身份、年龄、性别冠以相应的称呼，例如："老大娘""老大爷"。忌使用客户的特征或短处来称呼，如"老头""老太婆""眼镜""秃头"等称呼。

称呼顺序一般以先长后幼、先高后低、先女后男、先亲后疏为宜。

2. 接待礼仪

接待前做好准备，提前在约定地点等候，接待客人时迎三步、送三步，做到来有迎声、去有送声。

客人来到时，应主动迎上握手问好，初次见面的还应主动作自我介绍，并引领客人至接待处，安置好客户后，奉上茶水或饮料。

在室内接待客人时，应主动站立，面带微笑地问候，目光专注，热情周到。

3. 握手礼仪

通常距离受礼者约一步，两足立正，伸出右手，时间以 3s 左右为宜，边握手边致意，如"您好！""见到您很高兴！""欢迎您！"

握手时注意伸手的先后顺序：贵宾先、长者先、主人先、女士先。

客户到来时应主动伸手迎接以示欢迎，客户离开时应等客户先伸手再握手告别。

人多握手时，注意不要交叉，等别人握完后再伸手。

4. 递单与接物礼仪

向客户递交工单时，应双手递交，文字或图形正文正对对方。

与客户交接钱物时，应双手递接，须唱收唱付，轻拿轻放，不抛不丢。

向客户递纸杯时，应右手握住纸杯中上部，左手掌心向上，四指并拢前端托住纸杯底部，注意杯水不要滴洒到客人身上。

5. 鞠躬礼仪

在请求他人帮助、主持会议、迎接客户、领导或参观访问时行 15°或 30°鞠躬礼，表示尊重。在给对方造成不便或接待客户投诉时行 30°鞠躬礼，以表示道歉。

6. 电话礼仪

接电话时，振铃 4 声（12s）内接听，使用礼貌用语并保持微笑的声音。如"您好，××供电局××营业厅××，请讲。"超过 4 声接听电话应致歉。

如果自己不是受话人，应热情传呼，如果找的人不在，应询问对方是否需要转告，并记下对方的电话号码和姓名，不能让对方久等。接到别人打错的电话时，应以礼相待，不可恶语伤人。

公务电话宜在上班时打。双方约定的通话时间不要轻易改动。白天宜在早晨 8 点以后，节假日应在 9 点以后，晚间应在 22 点以前。如无特殊情况，不宜在中午休息时和一日三餐的常规时间打电话。给单位打电话时，应避开刚上班或快下班两段时间。

打电话坚持"三分钟原则"，打电话前应有腹稿，拟出通话要点，理清说话顺序。

在通话中，应礼貌地呼应对方，适度地使用附和语，让对方感到你是在认真倾听，不要轻易打断对方的谈话。

通话结束时，应等客人结束谈话后道一声"谢谢"或"再见"，等对方放下电话后，才可以轻轻放下电话。

七、现场服务规范

1. 敲门按门铃

按客户门铃长短适中，控制在 3 声以内。敲门标准为敲 2 次，每次连续轻敲 3 下。

如果客户没有响应，应每隔 30 秒钟重复 1 次；敲门声的节奏不宜太快，每秒钟 2 次左右为宜，不要连续、重力地敲门，更不要高声叫嚷，影响邻居。

当敲错门时应立即礼貌地向对方道歉，切忌一声不吭，扭头就走。

2. 见面

微笑致意，自我介绍，例如"××您好，我是××供电局装表接电人员××。"

当未按约定时间到达时，应道歉，简要说明原因，取得客户的谅解。

当出示证件时，证件应正面朝向客户，用双手递呈。

当客户主动伸手示意握手时，应用标准握手礼仪，若作业中不方便握手时应改用其他礼仪，如点头示意。

3. 答复规范

当可以答复时，应根据《供电营业规则》（电力工业部令第 8 号）及相关法律法规、各类电力规章制度认真分析，提供正确、简单、有效的解决方法，及时答复。

当遇到没有把握的问题时，不随意答复，不轻易承诺，主动询问、请示领导，获得准确答案后，及时答复。

当遇到无法回答的问题时，及时作好详细的记录，留下客户的姓名、联系方式（必要时请客户在记录表上签字确认），同时将自己的联系方式和答复时间告知客户，敬请客户监督。

当客户的要求与法规、公司制度相悖时，先认同客户心情，再依据相关规定，向客户耐心解释，严禁与客户发生争执。

八、服务规范用语

1. 礼貌用语规范

迎送用语：欢迎、再见、请进、请您走好。

问候用语：您好、早上好、晚上好、大家好。

致谢用语：谢谢、非常感谢、多谢合作。

拜托用语：请多关照、拜托您了。

赞赏用语：太好了、真棒、好极了。

致歉用语：对不起、抱歉、请原谅。

理解用语：深有同感、所见略同。

祝贺用语：祝你生日快乐、节日愉快、恭喜。

请求用语：请、请稍候、请您配合、劳驾、打扰了。

结束用语：再见、请走好。

2. 服务用语和忌语

服务用语和忌语如表 12-1 所示。

表 12 - 1 服务用语和忌语

序号	服务内容	服务用语	服务忌语
1	称谓	"老大娘""老大爷""先生""女士""小姐""小朋友"	喂！"老头儿""老太婆""伙计""哥们儿"
2	客户进门	您好！请坐，请问有什么可以帮您的	干什么？那边等着，那边坐着
3	为客户办理业务时	请问、请稍候，我们马上为您办理	急什么！等着！你没看见我正忙着吗
4	客户所办业务不属于自己的职责时	对不起，您的事情请到××处找××同志，请往这边走	不知道！我管不着
5	所办业务一时难以答复需请示领导时	请稍候，我们马上研究一下。或对不起，请留下电话号码，我们改日答复您	我办不了！找领导去
6	客户交款时	您这是××元钱，应找您××元，请清点收好	快交钱！给你！拿着
7	与客户交谈工作时	您好、请、谢谢、打扰了、劳驾、麻烦、再见	少废话！少啰唆
8	客户离开时	请您走好，再见	快走吧
9	到客户处	您好，我是××供电局的××，来抄电表（收费、装表、换表等）	供电单位的
10	离开客户时	打扰了，再见！谢谢您的合作	—
11	接客户电话时	您好！我是××供电局，请问您有什么事	什么事？我忙着！不知道
12	客户打错电话时	同志，您打错了，这里是供电局	错了
13	未听清楚，需要客户重复时	对不起，我没听清楚，请您再说一遍，谢谢您	听不清
14	接到电话问题不属于本岗位职责时	同志，对不起，请您挂××电话找××，好吗	我不管
15	工作出现差错时	对不起，我错了，请原谅，请多批评	错了，有什么了不起
16	受到客户批评时	您提的意见我们一定慎重考虑，有利于改进我们工作时，我们一定虚心接受，欢迎多提宝贵意见	有意见找领导去！愿上哪告上哪告
17	遇有个别客户蛮不讲理时	不要着急，有话慢慢说，如果您有不同意见，可以请有关方面解决	你愿找谁找谁，我没法跟你谈
18	填发电费通知单时	这是您的电费通知单，电量是××，电费是××，请收好	给！拿着单子
19	客户询问电费时	微机里有存储，请您通过触摸屏幕来查看，有不明白的地方，我给您解释	那边，自己看去
20	遇客户无理拒缴电费，多次做工作无效时	根据《电力法》第××条规定，经过批准，给予停电，请做好准备	不交电费，就给你停电
21	客户电话预约验表时	请您×日×时在家等候，我们为您验表	等着吧！有空就去了

序号	服务内容	服务用语	服务忌语
22	客户询问电能表损坏原因时	对不起，电能表损坏原因需经过检定才能确定，然后答复您	不知道
23	客户电能表损坏丢失时	劳驾！请您介绍一下电能表损坏（丢失）的情况好吗	赔表
24	电能表"自走"经确定不属于我们的责任时	对不起，经工作人员检测，您家的电能表自走属内部原因	自己查，我们不管
25	客户对校验结果不相信时	同志，经检查电能表确定合格。如果您不放心，我们可以一起到技术监督部门复验	不信有什么办法
26	客户怀疑电能表有误差不按时缴电费时	本月电费您还是按时缴纳，如果怀疑电能表超差，可以申请验表。如确实超差，我们会在下月退还电费差额	先交了电费再说
27	收验电能表时	同志，请交××元钱验表费，若电能表超差，验表费将返还给您	验表，先交钱
28	为客户换表后	请您打开开关，看看是否有电	换完了！自己试去吧
29	遇有障碍物需挪动时	请您把这个挪动一下好吗？谢谢	挪一边去
30	需要借用椅子等物时	同志，借用一下您的椅子可以吗	给我用用
31	借用客户物品归还时	您的××用完了，谢谢	完工了，拿走吧！
32	发现客户违约窃电时	同志，您违犯了《电力法》第××条规定，请您立即停止这种行为	违约窃电还有理
33	客户前来询问图纸审核情况时	您好！请坐，您的图纸正在审核之中，请稍候	听通知，等着吧
34	在审核图纸中发现问题时	您好！此处设计不符合规程要求，请修改一下	标准都不知道，快改去
35	到现场竣工验收时	我们前来竣工验收，请协助我们工作	喂！来验收了
36	验收中发现问题时	经验查发现，此处不符合规程要求，请尽快修改	怎么搞的？水平这么低
37	客户工程验收合格时	您的工程经验收合格，可以申请送电	就算合格吧
38	客户询问停电时	因为线路检修（或线路故障），导致您那里停电了，请谅解。大约会在×时送电	不知道
39	接故障报修电话时	您好！××供电局，×号为您服务。请您稍候，我们将立即派人前去修复	等着吧
40	客户要求修理内线时	很抱歉，屋内设备不属于我们管辖范围，建议您找××部门处理	我们管不着

序号	服务内容	服务用语	服务忌语
41	客户报错地址未见人去修理又来电话时	对不起，我们已经去过了，但没找到，请详细报一下您的地址	怎么搞的！地址都说不清！让我们白跑一趟
42	客户向我们道谢时	别客气，这是我们应该做的	算了！算了
43	客户参观检查工作时	您好！我叫××，负责××工作，欢迎检查指导	哪来的？看什么

项目 13 综 合 能 源 服 务

知识目标

➢ 了解综合能源服务的基本概念、业务内容及综合能源服务公司。

➢ 清楚节能服务的基本概念、合同能源管理及节能服务公司等。

➢ 熟悉电动汽车充电服务的主要内容。

能力目标

➢ 能够对客户提供综合能源服务。

模块一 综合能源服务的基本概念

【模块描述】 本模块介绍综合能源服务的基本概念、业务内容及综合能源服务公司，通过学习，熟悉综合能源服务。

一、综合能源服务的基本概念

（1）综合能源服务是一种新型的为满足终端客户多元化能源生产与消费的能源服务方式，涵盖能源规划设计、工程投资建设、多能源运营服务及投融资服务等方面。

（2）综合能源服务是指将不同种类的能源服务组合在一起，即将能源销售服务、分布式能源服务、节能减排及需求响应服务等三大类组合在一起的能源服务模式。

（3）综合能源服务融合了传统能源与实用新型能源和分布式能源，延伸能源使用方式、供应方式和服务方式，优化能源调度和配置，提升需求响应链，实现多能互补、智慧能源和使用友好、满足客户多种需求的能源供应使用与服务体系。

因此，综合能源服务实际上包含两层含义，即综合能源供应、综合能源服务。对于售电企业来说就是由单一售电模式转化为电、气、冷、热等多元化能源供应和多样化服务模式。

二、综合能源服务的业务内容

在能源高质量发展的新时代背景下，综合能源服务是以支持建设现代化能源经济体系、推动能源高质量发展为愿景，以满足全社会日趋多样化的能源服务需求为导向，为全社会提供综合供能、综合用能等多种多样的能源服务。

为了落实绿色发展理念，推动能源生产和消费革命，建立横向协同、纵向贯通的工作机制，构建多能互补、安全高效的现代能源消费新格局，以综合能效服务、供冷供热供电多能服务、分布式新能源服务、电动汽车服务等业务为重点，延伸综合能源服务产业链。

（一）建设智慧能源综合服务平台

按照"平台＋生态"发展思路，以泛在电力物联网技术为支撑，开展集监测、管理、应用、分析、告警、响应为一体的智慧能源综合服务平台建设工作，深度挖掘数据价值，满足客户水、电、气、冷（热）等多种能源管理需求，推动能源网与信息网融合，促进节能改造、新能源应用、电力运维、用能监控、能效评估与大数据分析等业务开展，实现客户的智能互动和智慧应用。

（二）综合能效服务

积极拓展中央空调用能占比大的商业楼宇、政府机关、企业集团、机场、医院、酒店等大型建筑，为客户提供中央空调系统节能改造、优化控制、运行维护和电力需求响应等一整套服务。结合智慧能源综合服务平台，实现中央空调能耗降低、成本减少、满足需求侧管理要求的目标。

（三）节能项目

持续推进工业领域节能项目，促进能效提升打造节能技术孵化平台，汇聚各类新型节能技术，聚焦能耗强度高的工业客户。通过能效监测与分析，为客户解决风机水泵、冷却系统、空气压缩机等高耗能设备的节能难题，开展余热余压利用，实现供需对接、要素重组、融通创新。

（四）积极推进供冷供热供电多能服务

采用 EPC（合同能源管理）、EP（设计、采购承包）、BOT（基础设施投资、建设和经营）、BOO（建设—拥有—经营）等模式，积极配合地方政府招商引资，为客户提供规划设计、投资建设、运维等一站式能源托管服务，降低客户投资管理压力；针对存量客户，利用"大云物移智链"技术，开展能效诊断和智能监测，对符合条件的用户推广实施能源托管或智能运维等商业模式，实施设备改造及系统能效优化提升业务。

（五）因地制宜开展分布式清洁能源服务

结合地域资源禀赋，布局分布式能源市场，聚焦工业园区中食品加工、医药、钢铁、化工、建材、造纸等具有大量热、冷负荷需求的企业，以及大型商业综合体、新（扩）建医院、高校、行政中心、交通枢纽等。

（六）电动汽车服务

以市场为导向、以客户为中心，结合战略布局，参与充电设施投资，在车流密度大、公共充电需求旺盛地区择优选址，开展大功率充电站整体设计、建设与运营的一体化服务。依托车联网平台为客户提供车辆充电与优化调度等业务，有效提升充电服务水平。

后面将重点介绍节能服务、电动汽车充电服务。

三、综合能源服务公司

综合能源服务公司，全面负责综合能源服务的市场开拓、技术咨询、商业模式研究、综合能源项目的储备、收集、上报和组织实施工作等，持续提升综合能源服务业务品牌形象和核心竞争力。

规范签订综合能源服务合同，厘清各方安全责任界限，确保权责明确。规范电能替代、用能监测、空调节能改造、楼宇用能托管、分布式光伏等项目安全管理，健全安全管理制度标准，按照职责分工保障项目建设、运维和客户用能安全。

综合能源服务公司，从专业性上分工，可分为金融投资型、工程服务型、运营服务型、平台服务型四种主体类型。

运营服务型：运营服务方类似物业公司，综合能源服务的设备复杂度和系统复杂度较高，需要更为专业的运维服务，提升客户满意度，确保能收到能源服务的相关费用，因此运营服务将会逐渐专业化，综合能源的运营服务主要包括调度运行、巡视巡检、备品备件、运行优化等。运营服务一方面是后续收益的保障，另一方面也是建立长期客户黏性、深入企业用能服务内部的关键抓手。

工程服务型：为投资方提供工程项目服务的能源服务公司，包括勘察设计、土建安装、机电安装、工程调试、EPC（合同能源管理）等。

平台服务型：当市场高度成熟且开放，会有互联网＋能源服务的平台服务型企业出现，例如：能源 e＋等，平台服务型企业需要能提供公平的第三方服务。

金融投资型：这类综合能源公司侧重于提供金融和投资相关服务，比如从事项目投资、设备租赁、融资、工程或者设备保险、资产证券化等业务。这类综合能源公司的核心竞争力，一是融资能力，二是投资管理能力。

模块二　节　能　服　务

【模块描述】　本模块介绍节能服务的基本概念、节能服务公司，通过学习，可以了解节能服务。

一、节能服务的基本概念

节能服务是指由专业的第三方机构（能源管理机构）帮助自身机构解决节能运营改造的技术和执行问题的服务，其服务对象一般是企业机构。第三方节能服务机构一般采用合同能源管理的方式提供相关服务。

接受节能服务的目的在于减少能源消耗、提高能源使用效率、降低污染排放等问题。

节能服务所涉及的行业有照明、制冷、地热、水泵、余热发电、建筑、工业、交通、高压变频、流体优化、无功补偿行业等。

节能服务的优势在于使用能企业不再投入资金的前提下，通过与节能服务公司的合作，由节能服务公司来规划、设计、投资、管理，达到企业节能减排、降低能耗、能源深度利用的效益。

二、节能服务公司

（一）节能服务公司的概念

节能服务公司（energy service company，简称 ESCO），是提供用能状况诊断、节能项目设计、融资、改造（施工、设备安装、调试）、运行管理等服务的专业化公司。

节能服务公司是以提供一揽子专业化节能技术服务的以盈利为目的的专业公司，主要是采用基于合同能源管理机制运作的、以盈利为目的的专业化公司。节能服务公司与愿意进行节能改造的用户签订节能服务合同，为用户的节能项目提供包括节能诊断、融资、节能项目设计、原材料和设备采购、施工、调试、监测、培训、运行管理等特色性服务，通过节能项目实施后产生的节能效益来盈利和滚动发展。

（二）合同能源管理

节能服务公司的主要经营机制是合同能源管理，其结果是节能服务公司与客户一起共享节能成果，取得双赢的效果。

合同能源管理（energy performance contracting，简称 EPC）是 19 世纪 70 年代在西方发达国家开始发展起来的一种基于市场运作的全新的节能新机制。合同能源管理不是简单地推销产品或技术，而是提供一种旨在降低能源费用的综合管理方法。

合同能源管理是指：节能服务公司与用能单位以契约形式约定节能项目的节能目标，节能服务公司为实现节能目标向用能单位提供必要的服务，用能单位以节能效益、节能服务费或能源托管费支付节能服务公司的投入及其合理利润的节能服务机制。

合同能源管理的实质就是以减少的能源费用来支付节能项目全部成本的节能业务方式。这种节能投资方式允许客户用未来的节能收益为工厂和设备升级，以降低运行成本；或者节能服务公司以承诺节能项目的节能效益、或承包整体能源费用的方式为客户提供节能服务。合同能源管理的国家标准是 GB/T 24915—2020《合同能源管理技术通则》，国家支持和鼓励节能服务公司以合同能源管理机制开展节能服务，享受财政奖励、营业税免征、增值税免征和企业所得税免三减三优惠政策。

（三）节能服务公司的商务模式

节能服务公司的商务模式主要有以下五种：

1. 节能效益分享型

在项目期内用户和节能服务公司双方分享节能效益的合同类型。节能改造工程的投入按照节能服务公司与用户的约定共同承担或由节能服务公司单独承担。项目建设施工完成后，经双方共同确认节能量后，双方按合同约定比例分享节能效益。项目合同结束后，节能设备所有权无偿移交给用户，以后所产生的节能收益全归用户。节能效益分享型是我国政府大力支持的模式类型。

2. 能源费用托管型

用户委托节能服务公司出资进行能源系统的节能改造和运行管理，并按照双方约定将该能源系统的能源费用交节能服务公司管理，系统节约的能源费用归节能服务公司的合同类型。项目合同结束后，节能公司改造的节能设备无偿移交给用户使用，以后所产生的节能收益全归用户。

3. 节能量保证型

用户投资，节能服务公司向用户提供节能服务并承诺保证项目节能效益的合同类型。项目实施完毕，经双方确认达到承诺的节能效益，用户一次性或分次向节能服务公司支付服务费，如达不到承诺的节能效益，差额部分由节能服务公司承担。

节能量保证型合同适用于实施周期短，能够快速支付节能效益的节能项目，合同中一般会约定固定的节能量价格。

4. 融资租赁型

融资公司投资购买节能服务公司的节能设备和服务，并租赁给用户使用，根据协议定期向用户收取租赁费用。节能服务公司负责对用户的能源系统进行改造，并在合同期内对节能量进行测量验证，担保节能效果。项目合同结束后，节能设备由融资公司无偿移交给用户使用，以后所产生的节能收益全归用户。

5. 混合型

由以上 4 种基本类型的任意组合形成的合同类型。

目前只有节能效益分享型合同可以申请国家合同能源管理财政奖励和税收优惠，应当依据 GB/T 24915—2020《合同能源管理技术通则》附件提供的参考合同签订节能效益分享型的节能服务合同。

模块三 电动汽车充电服务

【模块描述】 本模块介绍电动汽车充电的基本概念、充电设施、充电电价，通过学习，熟悉电动汽车充电服务。

一、电动汽车充电的基本概念

电动汽车充电是小区居民利用小区充电桩对电动汽车进行电能补给，通过部署计量计费装置、控制装置等，利用电动汽车充电管理系统对电动汽车的充电时段、充电容量进行有序控制，满足小区内电动汽车的充电需求。

充换电网络建设坚持"统一标准、统一规范、统一标识、按需建设、经济实用、安全可靠"的原则，与城市发展规划、电网规划和电动汽车推广应用相结合，满足各种充换电需求。

充换电网络是通过智能电网、物联网和交通网的"三网"技术融合，实施网络化、信息化和自动化的"三化"管理，实现对电动汽车用户跨区域全覆盖的服务网络。

二、电动汽车充电设施

电动汽车充电服务企业应向用户提供符合国家统一标准规范的通用充电设备，并确保充电服务的安全性。充电设施应由具有相应机电安装资质的专业公司进行安装。充电服务企业可以向电动汽车用户收取电费及充电服务费作为收入主要来源，鼓励企业建立充电服务移动客户端公共服务平台，通过"互联网＋"拓展相关增值服务。

充电基础设施是指充电站、换电站、充电桩及其接入上级电源的相关设施，是新型的城市基础设施，包括：

（1）自用充电基础设施：在个人用户所有或长期租赁的固定停车位建设，为其个人使用的电动汽车提供充电服务的充电基础设施。

（2）专用充电基础设施：在党政机关、企事业单位、社会团体、园区等内部停车位建设，为公务车辆、员工车辆等提供专属充电服务的充电基础设施，以及在公交车、客运汽车、出租车、环卫、物流等专用车站场建设，为对应专用车辆提供充电服务的充电基础设施。

（3）公用充电基础设施：为非特定电动汽车提供充电服务的经营性充电基础设施。包括交通枢纽、商务楼宇、超市卖场、学校、医院、文化体育场馆、景区景点、加油加气站和社会公共停车场等公共场所内，为公众提供充电服务的充电基础设施，以及独立占地的经营性集中式公共充换电站。

充换电的管理职责划分是以充换电设施供电变压器低压综合配电箱（低压配电柜）出线开关为管理分界点，分界点及以上配套供电设施建设纳入配电网工程项目管理，分界点以下部分纳入公司充换电项目管理。

三、电动汽车充电电价政策

按照国家发展改革委《关于电动汽车用电价格政策有关问题的通知》（发改价格〔2014〕1668 号），对电动汽车用电实行扶持性电价政策。

（1）对从事电动汽车充换电设施服务的经营性企业，采用单独报装、集中接入电网方式的，执行大工业用电价格，2020 年前暂免基本电费；对分散式接入电网的，按其所在场所执行分类目录电价。

（2）对自用为主的充换电设施用电，按其所在场所执行分类目录电价，其中，居民家庭住宅、居民住宅小区、执行居民电价的非居民用户中设置的充换电设施用电，执行居民用电价格中的合表用户电价；党政机关、企事业单位和社会公共停车场中设置的充电设施执行"一般工商业及其他"类用电价格。

（3）加强与价格主管部门汇报沟通，争取尽快完善各类用电峰谷分时电价政策，合理设置峰段、平段和谷段比价关系，鼓励电动汽车在电力系统用电低谷时段充电，提高电力系统利用效率。

参 考 文 献

［1］牛文琪，姚建国．电力市场概论．北京：中国电力出版社，2017.
［2］王广惠．用电营业管理．北京：中国电力出版社，1999.
［3］王孔良．用电管理．北京：中国电力出版社，1998.
［4］林明宇，高丽玲．用电营业管理．重庆：重庆大学出版社，2014.
［5］朱成章，徐任武．需求侧管理．北京：中国电力出版社，1999.
［6］傅景伟．电力营销技术支持系统．北京：中国电力出版社，2002.
［7］常仕亮．三相三线电能计量装置错误接线解析．北京：中国电力出版社，2016.
［8］国家电网公司人力资源部．电能计量．北京：中国电力出版社，2010.